ISW Forschung und Praxis

Berichte aus dem Institut für Steuerungstechnik
der Werkzeugmaschinen und Fertigungseinrichtungen
der Universität Stuttgart

Herausgeber: Prof. Dr.-Ing. Dr. h.c. G. Pritschow

Band 118

W0264094

Springer-Verlag Berlin Heidelberg GmbH

Bernd Renz

Hochdynamische Strahllagekorrektursysteme zur Erhöhung der Bahngenauigkeit von CO_2-Laserbearbeitungsmaschinen

Springer

D 93

ISBN 978-3-540-63715-8   ISBN 978-3-662-07798-6 (eBook)
DOI 10.1007/978-3-662-07798-6

Dieses Werk ist urheberrechtlich geschützt. Die dadurch begründeten Rechte, insbesondere die der Übersetzung, des Nachdrucks, des Vortrags, der Entnahme von
Abbildungen und Tabellen, der Funksendung, der Mikroverfilmung oder der Vervielfältigung auf anderen Wegen und der Speicherung in Datenverarbeitungsanlagen,
bleiben, auch bei nur auszugsweiser Verwertung, vorbehalten. Eine Vervielfältigung
dieses Werkes oder von Teilen dieses Werkes ist auch im Einzelfall nur in den
Grenzen der gesetzlichen Bestimmungen des Urheberrechtsgesetzes der
Bundesrepublik Deutschland vom 9. September 1965 in der jeweils geltenden
Fassung zulässig. Sie ist grundsätzlich vergütungspflichtig. Zuwiderhandlungen
unterliegen den Strafbestimmungen des Urheberrechtsgesetzes.

© Springer-Verlag Berlin Heidelberg 1997
Ursprünglich erschienen bei Springer-Verlag Berlin Heidelberg New York 1997.

Die Wiedergabe von Gebrauchsnamen, Handelsnamen, Warenbezeichnungen usw. in
diesem Werk berechtigt auch ohne besondere Kennzeichnung nicht zu der Annahme,
daß solche Namen im Sinne der Warenzeichen- und Markenschutz-Gesetzgebung als
frei zu betrachten wären und daher von jedermann benutzt werden dürfen.

Sollte in diesem Werk direkt oder indirekt auf Gesetze, Vorschriften oder Richtlinien
(z. B. DIN, VDI, VDE) Bezug genommen oder aus ihnen zitiert worden sein, so kann der
Verlag keine Gewähr für Richtigkeit, Vollständigkeit oder Aktualität übernehmen. Es
empfiehlt sich, gegebenenfalls für die eigenen Arbeiten die vollständigen Vorschriften
oder Richtlinien in der jeweils gültigen Fassung hinzuzuziehen.

SPIN: 10656447   62/3020-543210

Geleitwort des Herausgebers

In der Reihe „ISW Forschung und Praxis" wird fortlaufend über Forschungs-
ergebnisse des Instituts für Steuerungstechnik der Werkzeugmaschinen und
Fertigungseinrichtungen der Universität Stuttgart (ISW) berichtet, das sich in
vielfältiger Form mit der Weiterentwicklung des Systems Werkzeugmaschine
und anderer Fertigungseinrichtungen sowie der Produktionstechnik beschäftigt.
Die Arbeiten dieses Instituts konzentrieren sich im besonderen auf die Bereiche
Numerische Steuerungstechnik, Planungs- und Leitsysteme, Softwaretechnik,
Maschinen- und Industrierobotertechnik sowie Meß-, Regel- und Antriebssyste-
me, also auf die aktuellsten Bereiche der Fertigungstechnik. Dabei stehen
Grundlagenforschung und anwenderorientierte Entwicklung in einem stetigen
Austausch, wodurch ein ständiger Technologietransfer zur Praxis sichergestellt
wird.

Die Buchreihe erscheint in zwangloser Folge und stützt sich auf Berichte
über abgeschlossene Forschungsarbeiten und Dissertationen. Sie soll dem
Ingenieur bei der Weiterbildung dienen und ihm Hilfestellungen zur Lösung
spezifischer Probleme geben. Für den Studierenden bietet sie eine Möglichkeit
zur Wissensvertiefung. Sie bleibt damit unter erweitertem Namen und neuer
Herausgeberschaft unverändert in der bewährten Konzeption, die ihr der Grün-
der des ISW, der leider allzu früh verstorbene Prof. Dr.-Ing. G. Stute, im Jahre
1972 gegeben hat.

Der vorliegende Band befaßt sich mit dem Einsatzpotential und der Konzeption hochdynamischer Strahllagekorrektursysteme zur Steigerung der Bahngenauigkeit von Laserbearbeitungsmaschinen bei hohen Bahngeschwindigkeiten.
Die Konzeption beinhaltet sowohl konstruktionssystematische Untersuchungen
zum mechanischen Aufbau, zur Antriebstechnik und zur Meßtechnik solcher
Strahllagekorrektursysteme, als auch simulative und experimentelle Untersuchungen zur deren hochdynamischer Regelung.

Der Herausgeber dankt der Druckerei für die drucktechnische Betreuung und
dem Springer-Verlag für die Aufnahme der Reihe in sein Lieferprogramm.

G. Pritschow

Vorwort

Die vorliegende Arbeit entstand während meiner Tätigkeit als wissenschaftlicher Mitarbeiter am Institiut für Steuerungstechnik der Werkzeugmaschinen und Fertigungseinrichtungen (ISW) der Universität Stuttgart.

Dem Direktor des Instituts, Herrn Professor Dr.-Ing. Dr. h.c. G. Pritschow gilt mein besonderer Dank für seine Unterstützung und Förderung der zu Grunde liegenden Forschungsarbeiten sowie für die Übernahme des Hauptberichts.

Für die Erstellung des Mitberichts danke ich sehr herzlich Herrn Professor Dr.-Ing. habil. H. Hügel.

Herrn Dr.-Ing. K.-H. Wurst danke ich in besonderem Maße für die sorgfältige Durchsicht der Arbeit und seine wertvollen Vorschläge.

Das kollegiale Umfeld am Institut und die Vielzahl von Diskussionen mit meinen Kolleginnen, Kollegen und Studenten haben wesentlich zum Gelingen dieser Arbeit beigetragen. Hierfür möchte ich mich bei allen, insbesondere den Kollegen aus der Abteilung 4, sehr herzlich bedanken.

Ich möchte mich an dieser Stelle auch bei den Mitarbeitern der mechanischen und der elektrischen Werstatt für die gute Zusammenarbeit bedanken. Dieser Dank gilt ebenso den Damen im Sekretariat, in der Bibliothek und im technischen Büro.

Mein ganz besonderer Dank gebührt meiner Frau Birgit, die mir während der Entstehung dieser Arbeit den notwendigen Rückhalt gegeben hat.

Bernd Renz

7

Inhalt

Formelzeichen und Abkürzungen

Formelzeichen und Abkürzungen, die nur an einer Stelle verwendet werden und dort erklärt sind, wurden nicht in das Verzeichnis aufgenommen.

Formelzeichen:

e	Regelabweichung
f	Brennweite
fo	Lageregelungsbandbreite (Eckfrequenz) der Spiegelantriebe
g	Gitterteilung
I_{M1}, I_{M2}	Motorströme der Spiegelantriebe 1 und 2
K	Strahlkennzahl
K_P	Proportionalverstärkungsfaktor des Geschwindigkeitsregelkreises
K_T	Drehmomentkonstante des Spiegelantriebs
K_V	Geschwindigkeitsverstärkung des Lageregelkreises
L	Induktivität der Motorwicklung
m	Beugungsordnung (positive oder negative ganze Zahl)
$R(z)$	Krümmungsradius der Wellenfront in Abhängigkeit der Kaustikkoordinate z
T_a	Abtastzeit der digitalen Strahllageregeleinrichtung
T_t	Rechentotzeit der digitalen Strahllageregeleinrichtung
u	Stellgröße
U_z	Zwischenkreisspannung der Leistungsstelleinrichtung
w_0	Radius der Strahltaille
w_f	Fokusradius
wl_1, wl_2	Lagesollwerte der Spiegelantriebe 1 und 2
$w(z)$	Strahlradius in Abhängigkeit der Kaustikkoordinate z
xl_1, xl_2	Lageistwerte der Spiegelantriebe 1 und 2

$x2_1$, $x2_2$	Geschwindigkeitsistwerte der Spiegelantriebe 1 und 2
$x3_1$, $x3_2$	Beschleunigungsistwerte der Spiegelantriebe 1 und 2
z	Kaustikkoordinate
z_0	Abstand zwischen der Taille des Rohstrahls und der Hauptebene der Fokussieroptik
z_f	Abstand zwischen der Hauptebene der Fokussieroptik und der Taille des fokussierten Strahls
z_R	Rayleighlänge
z_{R0}	Rayleighlänge des Rohstrahls
z_{Rf}	Rayleighlänge des fokussierten Strahls
$\alpha_1,...,\alpha_6$	Winkelistwerte der Antriebsachsen des Versuchsaufbaus
α_x, α_z	Biegewinkel des Schwenkarms
β	Ausfallswinkel des Strahls am Gitterspiegel
ε	Einfallswinkel des Strahls am Gitterspiegel
$\Delta\alpha_1,...,\Delta\alpha_4$	Winkelabweichungen der Spiegelachsen in Bezug zur Strahllage
Δx, Δz	Biegeversatz des freien Endes des Schwenkarms
Δx_L	Federweg der Spiegellagerung
Δz_f	Abstand zwischen der Taille des fokussierten Strahls und dem Brennpunkt der Fokussieroptik
λ	Wellenlänge
θ	Divergenzwinkel
ϕ	Torsionswinkel

Abkürzungen

CO_2-Laser	Kohlendioxid-Laser
CCD	Charge Coupled Device
HeNe-Laser	Helium-Neon-Laser
PSD	Position Sensing Diode
TCP	Tool Center Point
TEM	Transversal Elektromagnetic

1 Einleitung

1.1 Problemstellung

Die Bearbeitung mit Laserstrahlen gilt als eine der Schlüsseltechnologien der modernen Produktionstechnik und besitzt ein bei weitem noch nicht ausgeschöpftes Innovations- und Automatisierungspotential. Trotzdem stehen einem breiteren Einsatz von Laserbearbeitungsmaschinen derzeit noch schwerwiegende Hemmnisse entgegen, die den folgenden Problemkreisen zugeordnet sind (/1, 2/):

- Mangelnde Wirtschaftlichkeit
- Technologische Probleme
- Wissensbarrieren.

Die beiden zuletzt genannten Problemkreise sind untrennbar mit der Einführung jeglicher neuen Technologie verbunden und können in dem Maße abgebaut werden, wie Grundlagenforschungen auf dem Gebiet der Wechselwirkung zwischen Laserstrahlung und Materie neue Erkenntnisse hervorbringen, die den Anwendern in einfach handhabbarer Form zur Verfügung gestellt werden. Dagegen betrifft der zuerst genannte Problemkreis in erster Linie die zur Zeit noch sehr hohen Investitionskosten für Laseranlagen, die die Wirtschaftlichkeit des Lasereinsatzes gegenüber konkurrierenden Fertigungsverfahren stark einschränkt. Jedoch besteht in der Ausnutzung der laserspezifischen Verfahrensvorteile und der möglichen hohen Prozessgeschwindigkeiten ein bei weitem noch nicht ausgeschöpftes Potential zur Senkung von Produktionskosten (/3/). Hier sind die Entwickler sowohl von Strahlquellen als auch von Laserbearbeitungsmaschinen gefordert, neue, verbesserte Systemkonzepte zu erarbeiten.

Sowohl eine Nutzung der Verfahrensflexibilität des Lasers zur Erhöhung der Maschinenauslastung (/1/), als auch eine Senkung der spezifischen Bearbeitungskosten (/4/) führt zu einer Verbesserung der Wirtschaftlichkeit von Laserbearbeitungsanlagen. Nach /4/ verhalten sich die auf einen Meter bearbeitete Strecke bezogenen spezifischen Bearbeitungskosten proportional zu den Betriebs- und Investitionskosten und ungefähr reziprok zur Bearbeitungsgeschwindigkeit. Neben der Ausarbeitung kostengünstigerer Maschinenkonstruktionen zur Senkung der Betriebs- und Investitionskosten von Laserbearbeitungsanlagen besteht somit in der Steigerung der Bearbeitungsgeschwindigkeiten bei gleichbleibend hoher Genauigkeit ein weiteres wesentliches Potential zur Erhöhung der Wirtschaftlichkeit der Laserbearbeitung durch Verkürzung der Bearbeitungszeiten und bessere Ausnutzung der verfügbaren Laserleistung.

Voraussetzungen für das Erzielen der technologisch maximal möglichen Bearbeitungsqualität sind bei den meisten Laserbearbeitungsverfahren eine verhältnismäßig hohe Bahngenauigkeit der Führungsmaschine und die Einhaltung konstanter Fokussierbedingungen. Bei konventionellen, dem derzeitigen Stand der Technik entsprechenden Laserbearbeitungsmaschinen sind jedoch die erreichbaren Bahngeschwindigkeiten bei vorgegebener Bahngenauigkeit stark begrenzt (siehe Abschnitt 3.1). Um der Forderung nach höheren Bearbeitungsgeschwindigkeiten nachzukommen, müssen daher bei der Konzeption zukünftiger Laserbearbeitungsmaschinen Lösungen gefunden werden, die eine wesentliche Verbesserung des Verhältnisses zwischen Bahngenauigkeit und Bahngeschwindigkeit mit sich bringen. Dieses Verhältnis wird in den weiteren Ausführungen abkürzend als "dynamische Bahngenauigkeit" bezeichnet. Bei der Erhöhung der dynamischen Bahngenauigkeit von Laserbearbeitungsmaschinen ist ein besonderes Augenmerk auf die Systemkomponente "Strahlführungssystem" zu richten, da hier der Einsatz aktiver optischer Komponenten eine hochdynamische und gezielte Variation des Fokusdurchmessers und der Fokusposition erlaubt. Damit ergeben sich umfangreiche Möglichkeiten zur Kompensation von Fehlern des Strahlführungssystems und der Führungsmaschine, die sich auf die Bahngenauigkeit auswirken (siehe Abschnitt 3), und zur hochdynamisch gesteuerten oder geregelten Prozeßführung (siehe Abschnitt 2.2).

Gegenüber anderen Werkzeugmaschinen und Industrierobotern wird die Bahngenauigkeit bei Laserbearbeitungsmaschinen zusätzlich durch die Eigenschaften des Strahlführungssystems beeinflußt. Um gleichzeitig hohe Bahngeschwindigkeiten und -genauigkeiten erzielen zu können, können bei Laserbearbeitungsmaschinen neben den bereits bekannten programmiertechnischen, maschinentechnischen sowie steuerungs- und regelungstechnischen Maßnahmen, die für die Erhöhung der dynamischen Bahngenauigkeit von Werkzeugmaschinen und Industrierobotern zur Verfügung stehen (siehe Abschnitt 3), zusätzliche Maßnahmen ergriffen werden, um das dynamische Verhalten des Strahlführungssystems zu verbessern. Zur Lösung dieser Problematik bietet sich der Einsatz aktiver Strahllagekorrektursysteme an, die zur Korrektur statischer und dynamischer Strahlübertragungsfehler eingesetzt werden können, die sonst zu einer Abweichung der Fokusposition vom nominellen TCP (Tool Center Point) führen würden. Unter Strahlübertragungsfehlern sind in diesem Zusammenhang Fehler der Strahlrichtung und der Strahlposition bezüglich der optischen Achse einer Fokussieroptik zu verstehen, die durch Störeinflüsse im Strahlführungssystem verursacht werden. Umgekehrt bieten Strahllagekorrektursysteme auch die Möglichkeit, durch Manipulation des Strahlverlaufs gezielte Verschiebungen des TCP bzw. der Fokusposition herbeizuführen, um damit kleine, hochdynamische Relativbewegungen gegenüber dem Werkstück auszuführen. Strahllagekorrektursysteme können somit die Funktion hochdynamischer Zusatzachsen erfüllen, die z.B. bei der Korrektur von Bahnfehlern vorteilhaft eingesetzt werden können.

Um Bahnfehler korrigieren zu können, müssen diese zunächst meßtechnisch erfaßt werden. Die Lagemeßsysteme an den Bewegungsachsen der Führungsmaschine - selbst wenn es sich dabei um direkt messende Systeme handelt - geben nur unvollständigen Aufschluß über die tatsächliche Position des TCP im Arbeitsraum, da elastische Verformungen des Maschinengestells bzw. bewegter Traversen und Roboterarme von ihnen nicht erfaßt werden. Zur Schließung dieser Lücke können lasergestützte Verformungsmeßsysteme eingesetzt werden, wie sie in /5/ und /6/ vorgeschlagen werden. Da diese Verformungsmeßsysteme ebenfalls auf dem Prinzip der Strahllagemessung beruhen, ist es möglich, mit einem geeignet aufgebauten Strahllagekorrektursystem, das in einen mechanischen Aufbau integriert ist, gleichzeitig dessen Verformungen zu messen und Strahlübertragungsfehler zu korrigieren.

Die im Rahmen dieser Arbeit untersuchten Strahllagekorrektursysteme, deren besonderes Merkmal die Verwendung eines sichtbaren Meßlaserstrahls ist, der dem Leistungslaserstrahl koaxial überlagert wird, wurden für die gleichzeitige Erfüllung von drei verschiedenen Aufgaben konzipiert, die zur Steigerung der dynamischen Bahngenauigkeit von Laserbearbeitungsmaschinen beitragen:

- die Korrektur von Strahlübertragungsfehlern,
- die Messung von elastischen Verformungen und
- die Ausführung hochdynamischer Relativbewegungen an der Wirkstelle.

Aufgrund dieser Einsatzmöglichkeiten wird aus wirtschaftlicher Sicht insbesondere der Einsatz dieser Strahllagekorrektursysteme in Verbindung mit kostengünstigen, aber bislang für die Laserbearbeitung zu ungenauen Handhabungsgeräten wie z. B. Knickarmrobotern interessant.

1.2   Zielsetzung und Vorgehensweise

In bisherigen Arbeiten auf dem Gebiet der aktiven Strahlführungssysteme standen die Korrektur von Strahlübertragungsfehlern (/7/) und die Einhaltung konstanter Fokussierbedingungen (/7, 8, 9, 10/) im Vordergrund. Die Möglichkeiten zur Erhöhung der Bahngenauigkeit von Laserbearbeitungsmaschinen mit Hilfe von Strahllagekorrektursystemen wurden dabei nicht ausgeschöpft. Es ist daher das Ziel dieser Arbeit, die wissenschaftlichen Grundlagen für ein Strahllagekorrektursystem zu erarbeiten, das außer der Kompensation von Strahlübertragungsfehlern zwischen Strahlquelle und Fokussieroptik auch die Erfassung elastischer Verformungen von Laserbearbeitungsmaschinen und die Ausführung hochdynamischer Bewegungen zur Bahnkorrektur ermöglicht. Die Arbeit beschränkt sich dabei auf die Untersuchung von Systemen zur Erfassung und Beeinflussung der Strahlposition und Strahlrichtung. Systeme zur Variation der Strahlparameter und der davon abhängenden Fokusparameter werden an anderen wissenschaftlichen Einrichtungen (siehe z. B. /10/) untersucht. Diese Systeme werden daher im Rahmen dieser Arbeit nur insofern behandelt, als sie zur Manipulation der Fokusposition und der Fokusform eine notwendige Ergänzung zu dem untersuchten Strahllagekorrektursystem darstellen. Deshalb sollen ihre Funktionsweisen und Einsatzmöglichkeiten entsprechend dem derzeitigen Stand der Technik nur kurz dargestellt werden.

Darüber hinaus beschränken sich die Betrachtungen in dieser Arbeit auf Strahlführungssysteme mit freier Propagation eines CO_2-Laserstrahls zwischen metallischen Umlenkspiegeln. Ausgehend vom gegenwärtigen Stand der Technik bei Laserbearbeitungsmaschinen und aktiven Strahlführungssystemen für CO_2-Laserstrahlen werden die Anforderungen an ein Strahllagekorrektursystem definiert, das die oben genannten Funktionalitäten besitzt und damit zur Verringerung der dynamischen Bahnabweichungen von Laserbearbeitungsmaschinen beiträgt.

Strahllagekorrektursysteme können alternativ oder ergänzend zu anderen Verfahren eingesetzt werden, die zur Erhöhung der Bahngenauigkeit von Laserbearbeitungsmaschinen zur Verfügung stehen. Um das Einsatzpotential von Strahllagekorrektursystemen aufzuzeigen, werden die charakteristischen Eigenschaften dieser Verfahren kurz dargestellt und hinsichtlich ihrer Eignung für den Einsatz in Laserbearbeitungsmaschinen bewertet.

Den Schwerpunkt der Arbeit bildet die Konzeption hochdynamischer Korrekturspiegeleinheiten und einer kompakten, hochauflösenden Strahllagesensoreinrichtung zum flexiblen Aufbau von Strahllagekorrektursystemen.

Zur Gestaltung der Korrekturspiegeleinheiten werden Aktuatoren, Winkelmeßsysteme, Lagerungsarten und Leistungsstellglieder analysiert und bewertet. Weiterhin werden geeignete Regeleinrichtungen für die Lageregelung der Korrekturspiegeleinheiten unter der Zielsetzung einer möglichst hohen Lageregelungsbandbreite entwickelt und sowohl simulativ als auch experimentell untersucht.

Bei der Konzeption der Strahllagesensoreinrichtung, die einen entscheidenden Einfluß auf die erreichbare Genauigkeit und die Regeldynamik des Strahllagekorrektursystems hat, wird zunächst gezeigt, daß die indirekte Strahllagemessung mit Hilfe eines Pilotlaserstrahls Vorteile gegenüber der direkten Strahllagemessung des Leistungslasers besitzt. Anhand von Dimensionierungsberechnungen und experimentellen Untersuchungen wird nachgewiesen, daß zur Überlagerung und Trennung von Leistungs- und Pilotlaserstrahl vorteilhaft Gitterspiegel eingesetzt werden können. Für die Strahllagemessung mit einem Pilotlaserstrahl werden Pilotlaserstrahlquellen, ortsempfindliche Photodetektoren und verschiedene optische Anordnungen zur Messung der Strahlposition und Strahlrichtung analysiert und bewertet. Weiterhin wird das Konzept einer polarisationsoptischen Meßeinrichtung zur Erfassung von Torsionsverformungen vorgestellt.

Der Funktionsnachweis des vorgeschlagenen Konzepts zum modularen Aufbau von Strahllagekorrektursystemen erfolgt an einem beispielhaften Versuchsaufbau, der aus einem elastischen Schwenkarm mit innenliegender Strahlführung besteht. Die Erläuterung der Rechenalgorithmen zur Sensordatenverarbeitung und zur Strahllageregelung, die für diesen Versuchsaufbau entwickelt wurden und die Darstellung der Ergebnisse der experimentellen Untersuchungen bilden den Abschluß dieser Arbeit.

2 Stand der Technik

2.1 Stand der Technik von Laserbearbeitungsmaschinen

Im folgenden soll der gegenwärtige Stand der Technik von Strahlquellen und Laserbearbeitungsmaschinen dargestellt werden. Hierzu werden zunächst einige in dieser Arbeit verwendete Begriffe erklärt, die in Bild 2.1 veranschaulicht sind.

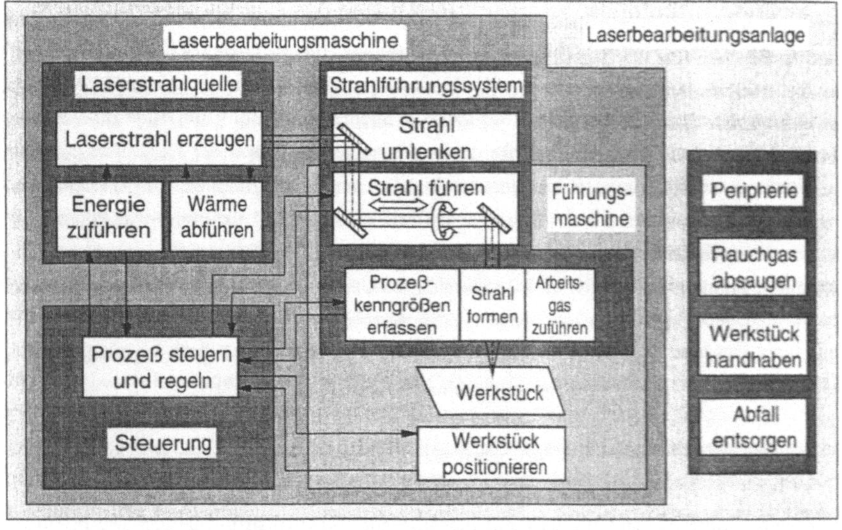

Bild 2.1: Systemkomponenten von Laserbearbeitungsanlagen

Unter dem Begriff *Laserbearbeitungsanlage* soll hier die Gesamtheit aller aus Bild 2.1 ersichtlichen Teilsysteme verstanden werden. Die Bezeichnung *Laserbearbeitungsmaschine*, umfaßt dagegen nur die Teilsysteme Strahlquelle, Strahlführungssystem, Führungsmaschine und Steuerung ohne periphere Einrichtungen. Als *Führungsmaschinen* werden Werkzeugmaschinen oder Industrieroboter bezeichnet, die zur Bahnerzeugung bei der Laserbearbeitung verwendet werden. Das *Strahlführungssystem* dient zur Übertragung des Laserstrahls von der Strahlquelle an den Bearbeitungsort und kann sowohl außerhalb der Führungsmaschine als auch teilweise oder vollständig innerhalb der Führungsmaschine angeordnet werden. Das Kunstwort *Laser*, das aus der Abkürzung für *light amplification by stimulated emission of radiation* entstanden ist, wird häufig als Synonym sowohl für die Laserstrahlquelle als auch für den Laserstrahl verwendet.

Bei den derzeit verfügbaren Laserbearbeitungsmaschinen kommen als Strahlquellen vor allem CO_2-Laser mit einer Wellenlänge von 10,6 µm sowie Nd:YAG-Laser mit einer Wellenlänge von 1,06 µm zum Einsatz. Excimer-Laser, die in der Mikro- und Feinstbearbeitung Anwendung finden, sowie CO-Laser, die sich noch im Stadium der Forschung befinden, besitzen bislang nur eine geringe Bedeutung.

Die charakteristischen Eigenschaften des Nd:YAG-Lasers, dessen Strahlung im Gegensatz zum CO_2-Laser durch flexible Glasfasern übertragen werden kann, sind z. B. in /11, 12, 13/ beschrieben. Die Strahlung des CO_2-Lasers, auf die sich die Betrachtungen in dieser Arbeit beschränken, läßt sich dagegen lediglich durch bestimmte Kristalle wie z. B. ZnSe oder GaAs verlustarm transmittieren, jedoch nicht durch Glas. Die Herstellung von Lichtleitfasern für CO_2-Laser ist bislang nicht gelungen, so daß der Strahl in freier Propagation zwischen Umlenkspiegeln zur Bearbeitungsoptik geführt werden muß. Als Umlenkspiegel kommen dabei vorwiegend wassergekühlte Metallspiegel aus Kupfer oder - seltener - Molybdän zum Einsatz. CO_2-Laser erreichen derzeit mittlere Strahlleistungen bis zu 25 kW. Bei hochfrequenzangeregten CO_2-Lasern mit schneller Gasumwälzung sind auch bei hohen Strahlleistungen noch verhältnismäßig gute Strahlqualitäten erreichbar. Bei vergleichbarer Strahlleistung ist die Strahlqualität von CO_2-Lasern etwa um den Faktor 10 besser als die von Nd:YAG-Lasern (/13/), so daß die Strahlleistung wesentlich effektiver in eine hohe Leistungsdichte am Werkstück umgesetzt werden kann. Der Gesamtwirkungsgrad von CO_2-Lasern liegt typischerweise bei 5-15%.

Aufgrund seiner charakteristischen Eigenschaften ergeben sich für CO_2-Laser folgende Haupteinsatzbereiche:

- Schneiden von Stahlblech mit Laserleistungen bis ca. 3 kW bei Blechdicken bis zu ca. 20 mm (/14, 15/)
- Schweißen von Stahlblech mit Laserleistungen > 5 kW und Einschweißtiefen bis zu 25 mm (/16/)

Die mit CO_2-Lasern erreichbaren Prozeßgeschwindigkeiten sind einerseits begrenzt durch die vom Bearbeitungsprozeß geforderte Streckenenergie und die zur Verfügung stehende Laserleistung und andererseits durch die geforderte Konturgenauigkeit und die dynamische Bahngenauigkeit der Laserbearbeitungsmaschinen. Die erforderliche Streckenenergie ist proportional zum aufgeschmolzenen Werkstoffvolumen und somit näherungsweise umgekehrt proportional zum Fokusdurchmesser, so daß bei kleinen Fokusdurchmessern und geringen Bearbeitungstiefen wie z. B. beim Schneiden dünner Bleche hohe Bearbeitungsgeschwindigkeiten möglich sind. Die technologisch möglichen Bearbeitungsgeschwindigkeiten hängen außerdem von zahlreichen anderen Einfluß-parametern ab, die die Qualität des Bearbeitungsergebnisses beeinflussen (/8, 17/). Derzeit werden beim Laserschneiden und Laserschweißen Bahngeschwindigkeiten bis ca. 20 m/min erreicht (/18/). Bei einer zu erwartenden Weiterentwicklung von Hochleistungs-CO_2-Laserstrahlquellen in Richtung Verbesserung der Strahlqualitäten bei höheren Strahlleistungen und beim Einsatz neuer, leistungsfähigerer Bearbeitungsverfahren (/15, 19/) ist zukünftig von noch höheren technologisch möglichen Bearbeitungsgeschwindig-keiten auszugehen.

Diesen hohen technologisch möglichen Bearbeitungsgeschwindigkeiten werden die dynamischen Eigenschaften derzeitiger Laserbearbeitungsmaschinen nur unzureichend gerecht, da deren Bahnfehler bei hohen Bahngeschwindigkeiten häufig so groß sind, daß diese für das Bearbeitungsergebnis nicht akzeptabel sind. Die Ursachen der Bahnabwei-chungen von Laserbearbeitungsmaschinen werden in Abschnitt 3.1 ausführlich behan-delt. Wie bei anderen Werkzeugmaschinen und Industrierobotern beruht der Einfluß der Bahngeschwindigkeit auf die Bahngenauigkeit von Laserbearbeitungsmaschinen zum großen Teil auf dynamischen Bahnabweichungen, die z. B durch geschwindigkeitspro-portionale Schleppabstände und begrenzte Antriebsdynamik hervorgerufen werden. Die Eigendynamik des mechanischen Aufbaus spielt jedoch bei Laserbearbeitungsmaschinen eine besondere Rolle. Durch die hohen Beschleunigungskräfte, die auftreten, wenn stark gekrümmte oder geknickte Bahnabschnitte mit hoher Geschwindigkeit durchfahren werden, werden die mechanischen Übertragungsglieder der Laserbearbeitungsmaschine zu Eigenschwingungen angeregt, die in zweifacher Weise zu weiteren Bahnabweichun-gen führen. Erstens haben die Schwingungen des mechanischen Aufbaus Relativbewe-gungen zwischen dem Werkstück und der Fokussieroptik zur Folge und zweitens erge-ben sich dadurch Strahlübertragungsfehler zwischen Strahlquelle und Fokussiereinrich-tung, da die Umlenkspiegel konventioneller CO_2-Laserstrahlführungen entweder mit dem mechanischen Aufbau der Führungsmaschine fest verbunden sind oder mit den mechanischen Übertragungsgliedern eines externen Strahlführungssystems, das von der Maschine mitgeschleppt wird. Die daraus resultierenden Strahlrichtungsfehler an der

Fokussieroptik bewirken einen Versatz der Fokuslage zum theoretischen TCP (tool center point) und ergeben somit weitere Bahnfehler (/20, 21/). Beim Laserschneiden bewirkt eine relativ zur Schneidgasdüse schwankende Fokuslage außerdem eine Verschlechterung der Schnittqualität (/8, 17/).

Im folgenden soll ein kurzer Überblick über die derzeit im industriellen Einsatz befindlichen Bauarten von Laserbearbeitungsmaschinen vermittelt und deren charakteristische Eigenschaften aufgezeigt werden. Bild 2.2 zeigt eine Übersicht der verschiedenen Bauarten von Laserbearbeitungsmaschinen für zweidimensionale und Bild 2.3 für dreidimensionale Bearbeitung, jeweils geordnet nach nach der Art der Relativbewegung zwischen Werkstück und Fokussieroptik.

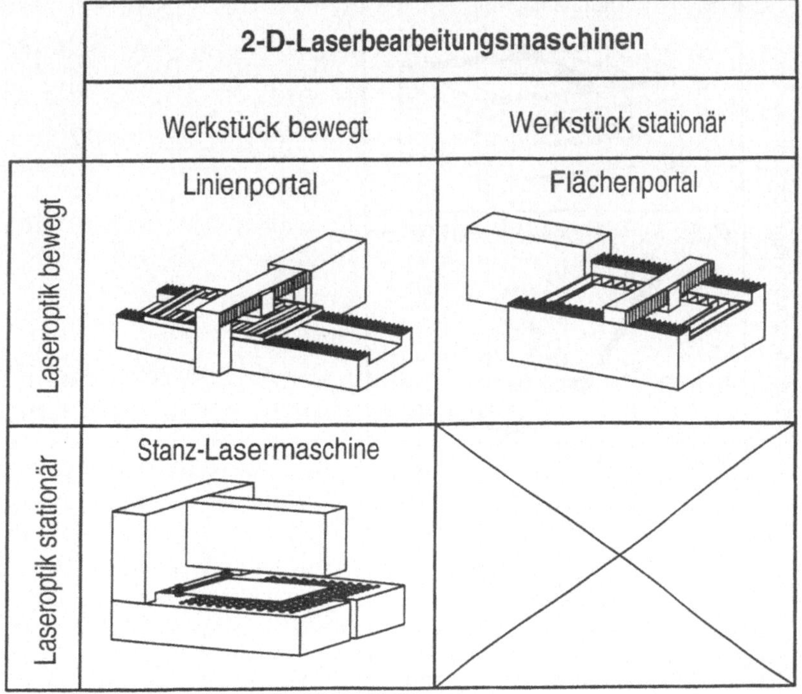

Bild 2.2: Bauformen von Laserbearbeitungsmaschinen für zweidimensionale Bearbeitung

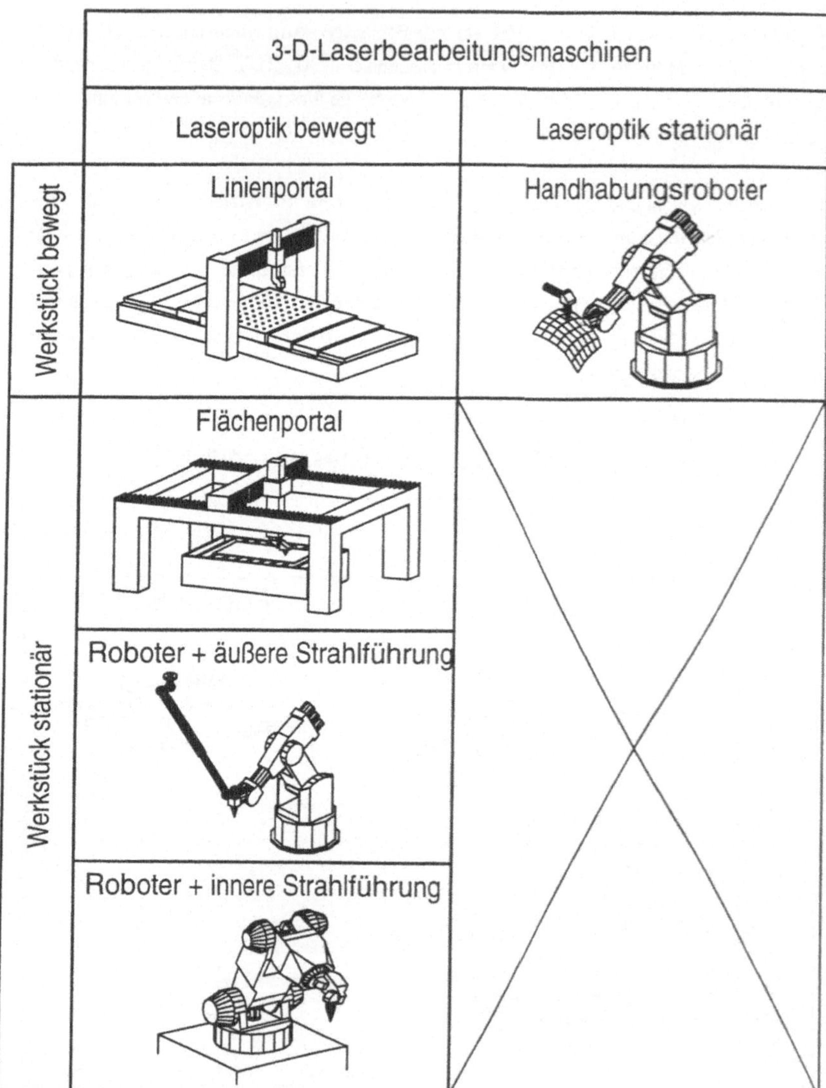

Bild 2.3: Bauarten von Laserbearbeitungsmaschinen für dreidimensionale Bearbeitung

Die Gruppe der Laserbearbeitungsmaschinen für zweidimensionale Bearbeitung - überwiegend zum Schneiden von ebenen Blechen - ist gegenwärtig im industriellen Einsatz am häufigsten vertreten (/2/). Diese Laserbearbeitungsmaschinen besitzen aufgrund ihrer kurzen kinematischen Kette einen sehr steifen mechanischen Aufbau und erreichen relativ hohe Bahngenauigkeiten. Es werden sowohl Maschinen, die mit anderen Fertigungsverfahren wie Stanzen und Nibbeln kombiniert sind, als auch reine Lasermaschinen angeboten. Maschinen in Flächenportalbauweise mit einer sogenannten "fliegenden Optik", d. h. mit ruhendem Werkstück, verfügen über eine hohe, von der Masse des Werkstücks und der Aufspannvorrichtung unabhängige Antriebsdynamik und besitzen damit bei höheren Bahngeschwindigkeiten Vorteile gegenüber Linienportalen und kombinierten Stanz-Lasermaschinen, bei denen das Werkstück bewegt wird.

Laserbearbeitungsmaschinen für dreidimensionale Bearbeitung haben bislang in der industriellen Fertigung noch relativ wenig Verbreitung gefunden, weil die dafür aufzuwendenden Investitions- und Betriebskosten insbesondere in der Massenproduktion gegenüber konkurrierenden Fertigungsverfahren meist höher sind. Das Einsatzgebiet von 3-D-Laserbearbeitungsmaschinen umfaßt daher hauptsächlich das Schneiden, Schweißen und Oberflächenbehandeln räumlich geformter Werkstücke in der Prototypen und Kleinserienfertigung, wo die geringen werkstückspezifischen Kosten der Laserbearbeitung zum Tragen kommen (/22/). In der Serienproduktion kommen dreidimensionale Laserbearbeitungsmaschinen bislang nur vereinzelt zur Anwendung, wie zum Beispiel in der Automobilindustrie beim Verschweißen von Karosserieseitenwänden mit der Dachhaut oder beim Beschneiden von Auspuffrohren, wo der Laser wegen seiner technologischen Vorteile eingesetzt wird (/23, 24/). Werden die technologischen Möglichkeiten des Lasers zukünftig bereits bei der Produktkonstruktion stärker berücksichtigt, so lassen sich auf diese Weise Produktionsabläufe gegebenenfalls vereinfachen und verkürzen (/25, 26, 27/). Die hohen Investitionskosten für sehr leistungsfähige Laserbearbeitungsmaschinen können in solchen Fällen durch bessere Qualität, höhere Arbeitsgeschwindigkeiten und Wegfall aufwendiger Nacharbeiten ausgeglichen werden. Damit steht der dreidimensionalen Lasermaterialbearbeitung auch außerhalb der Automobilindustrie ein großes Anwendungspotential offen (/28/), das bislang noch nicht erschlossen wurde.

<u>Bild 2.3</u> zeigt eine Übersicht der verschiedenen Bauarten von 3-D-Laserbearbeitungsmaschinen. Bei geringen Anforderungen an die Bahngenauigkeit ergeben sich besonders wirtschaftliche Lösungen in Verbindung mit preisgünstigen Standard-Industrierobotern (z. B. in Knickarmbauweise), die entweder zur Handhabung des Werkstücks entlang

einer feststehenden Fokussieroptik oder zur Führung eines externen Strahlführungs-
systems verwendet werden können. Das Führen von Werkstücken entlang einer festste-
henden Fokussieroptik bietet den Vorteil einer sehr einfachen und kostengünstigen
Strahlführung. Aufgrund der begrenzten Tragfähigkeit und der geringen Genauigkeit von
Handhabungsrobotern ist das Werkstückspektrum dabei jedoch auf leicht handhabbare
Werkstücke mit kleinen bis mittleren Abmessungen, wie z. B. Auspuffrohre, begrenzt.
Die Verwendung eines Standard-Industrieroboters in Verbindung mit einem externen
Strahlführungssystem erlaubt dagegen die Bearbeitung relativ großer, beliebig schwerer
Werkstücke. Diese Kombination weist jedoch folgende schwerwiegende Nachteile auf
(/21/):

- Die Zugänglichkeit zum Werkstück wird aufgrund der Kollisionsgefahr mit dem
  externen Strahlführungssystem eingeschränkt.
- Die miteinander gekoppelten kinematischen Ketten des Industrieroboters und des
  externen Strahlführungsystems beschränken sich gegenseitig in ihrer Beweglichkeit.
- Das schlank und leicht gebaute externe Strahlführungssystem besitzt nur eine geringe
  mechanische Steifigkeit und ist daher empfindlich gegenüber statischen und dynamischen Belastungen, die zu verformungsbedingten Strahlübertragungsfehlern führen.

Laserbearbeitungsmaschinen, deren Strahlführung in den mechanischen Aufbau der
Maschine integriert ist, weisen diese Nachteile nicht auf. Bei diesen speziell für die
Laserbearbeitung konzipierten Maschinen verläuft die optische Achse des Strahlführungssystems koaxial zu den Bewegungsachsen der Führungsmaschine. Damit eine hohe
Genauigkeit der Strahlübertragung von der Strahlquelle zur Fokussieroptik gewährleistet
werden kann, müssen die am mechanischen Aufbau der Maschine befestigten Spiegel
sehr sorgfältig zu den Bewegungsachsen justiert werden. Außerdem müssen aus diesem
Grund sehr hohe Ansprüche an die Laufgenauigkeit der Lagerungen und an die Form-
steifigkeit des mechanischen Aufbaus gestellt werden (/20/), was wiederum die Herstellkosten solcher Maschinen in die Höhe treibt.

Die Eigenschaften und die Herstellkosten von 3-D-Laserbearbeitungsmaschinen mit
integrierter Strahlführung hängen in hohem Maße vom kinematischen Aufbau der
Maschinen ab. Eine Zusammenstellung der verschiedenen Kinematiken von Laserbearbeitungsmaschinen und ihrer Eigenschaften zeigt Bild 2.4.

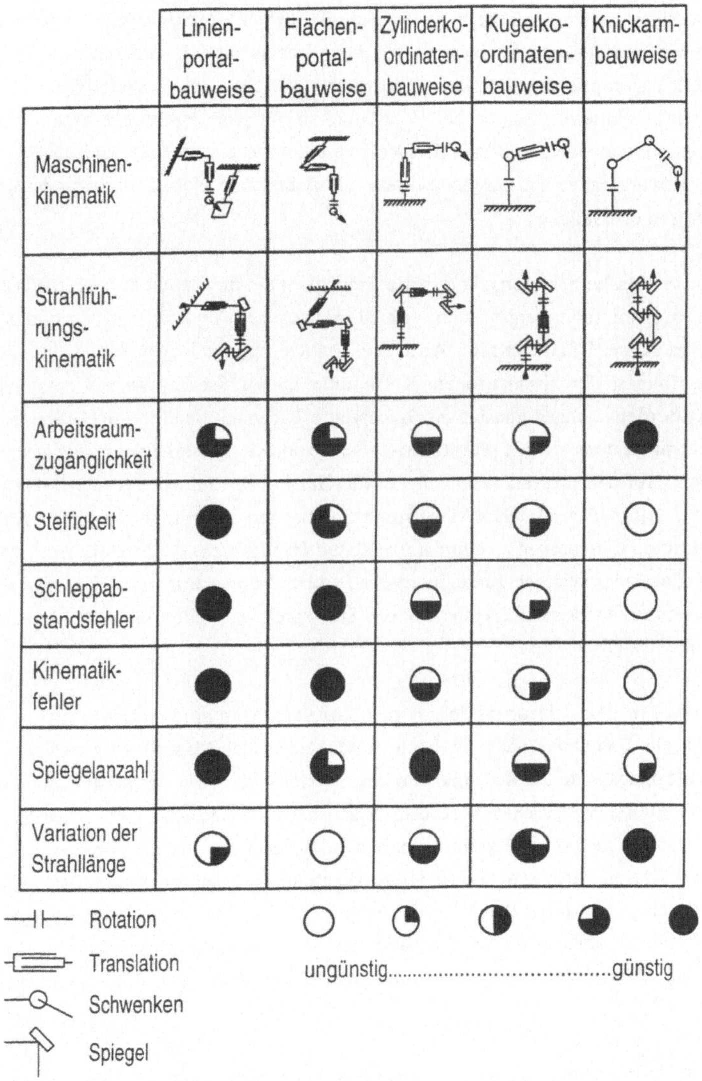

	Linienportalbauweise	Flächenportalbauweise	Zylinderkoordinatenbauweise	Kugelkoordinatenbauweise	Knickarmbauweise
Maschinenkinematik					
Strahlführungskinematik					
Arbeitsraumzugänglichkeit					
Steifigkeit					
Schleppabstandsfehler					
Kinematikfehler					
Spiegelanzahl					
Variation der Strahllänge					

—⊢— Rotation

▭— Translation

—○ Schwenken

Spiegel

ungünstig...günstig

Bild 2.4: Eigenschaften verschiedener Maschinenkinematiken von 3-D-Laserbearbeitungsmaschinen

Unter der Arbeitsraumzugänglichkeit ist die Fähigkeit einer Maschinenkinematik zu verstehen, jeden Oberflächenpunkt eines räumlichen Werkstücks mit senkrechter Orientierung der Fokussieroptik zur Werkstückoberfläche erreichen zu können. Günstig sind hierbei Maschinenkinematiken, die bei Werkstücken mit großen Abmessungen in allen drei Raumrichtungen eine gute Zugänglichkeit von allen Seiten (mit Ausnahme der Aufspannseite) gewährleisten und darüber hinaus das Arbeiten in Hohlräumen und an Hinterschneidungen ermöglichen.

Der Einfluß der Maschinenkinematik auf die Steifigkeit des mechanischen Aufbaus einer Laserbearbeitungsmaschine ergibt sich vor allem aus der Art der Freiheitsgrade der kinematischen Kette. Translatorische Antriebe besitzen in der Regel insbesondere bei großen Gliedlängen der kinematischen Kette eine höhere Steifigkeit als rotatorische Antriebe. Außerdem können translatorisch bewegte Kinematikglieder an beiden Enden gelagert und angetrieben werden (Portalbauweise), wodurch die Steifigkeit des gesamten mechanischen Aufbaus wesentlich erhöht wird. Günstig für eine hohe Steifigkeit des mechanischen Aufbaus sind daher Maschinenkinematiken mit translatorischen Hauptachsen und kurzen Gliedlängen an den rotatorischen Handachsen. Außerdem bewirkt die Aufspaltung der kinematischen Kette in zwei Teile zur Bewegung der Fokussieroptik und zur Bewegung des Werkstücks eine höhere Steifigkeit der beiden kürzeren kinematischen Ketten.

Die Auswirkungen von Schleppabständen der einzelnen Maschinenachsen auf die tatsächlich erzeugte Bahnkurve hängt in hohem Maße von der Maschinenkinematik ab. Während Schleppabstände bei Kinematiken mit rotatorischen Achsen immer zu Bahnabweichungen führen, verursachen diese bei kartesischen Kinematiken unter bestimmten Voraussetzungen keine Bahnabweichungen. Abweichungen der realen Maschinenkinematik von der idealen Kinematik, die der Koordinatentransformation in der Bahnsteuerung zugrunde liegt, bewirken ebenfalls Bahnabweichungen, die stark von der Art der Maschinenkinematik abhängen. Die Einflüße der Maschinenkinematik auf die Bahngenauigkeit von Laserbearbeitungsmaschinen werden in Abschnitt 3.1 ausführlicher behandelt.

Die Anzahl der erforderlichen Umlenkspiegel hängt bei Laserbearbeitungsmaschinen mit integrierter Strahlführung ebenfalls von der Maschinenkinematik ab. Da jeder Umlenkspiegel Kosten bedeutet und außerdem einen geringen Verlust an Strahlleistung verursacht, wird eine möglichst geringe Anzahl von Spiegeln angestrebt. Maschinenkinematiken mit translatorischen Freiheitsgraden weisen die ungünstige Eigenschaft auf, daß sich der Strahlweg zwischen der ortsfesten Strahlquelle und der bewegten Fokussieroptik ändert. Die unerwünschten Auswirkungen dieser Strahllängenänderung sind im nachfolgenden Abschnitt 2.2 beschrieben.

Gemäß <u>Bild 2.4</u> erreichen Portalmaschinen in Flächen- oder Linienportalbauweise aufgrund ihres steifen mechanischen Aufbaus und ihrer günstigen kinematischen Eigenschaften die höchsten absoluten Bahngenauigkeiten, die derzeit bei Bahngeschwindigkeiten bis zu ca. 10 m/min im Bereich von 0,1 mm liegen (/29/). Für einen Einsatz in der Serienproduktion wären anstelle dieser voluminösen und teuren Portalmaschinen häufig kleinere, leicht austauschbare und kostengünstigere Knickarmroboter wünschenswert (/30/). Aufgrund ihrer geringen Steifigkeit und Bahngenauigkeit sind diese jedoch für Bearbeitungsaufgaben mit hohen Qualitätsansprüchen bislang oft nicht einsetzbar. Als preiswerte Alternative zu Portalmaschinen kommen daher zur Zeit nur bei dreidimensionalen Bearbeitungsaufgaben mit geringeren Genauigkeitsansprüchen vorwiegend Standard-Knickarmroboter mit externer Strahlführung zum Einsatz (/31/).

Die bislang insgesamt gesehen geringe Verbreitung von Laserbearbeitungsmaschinen für räumliche Bearbeitungsaufgaben zeigt, daß hier zur Erschließung eines noch großen Anwendungspotentials zuerst die wirtschaftlichen Voraussetzungen geschaffen werden müssen. Prinzipiell kann die Wirtschaftlichkeit der dreidimensionalen Laserbearbeitung durch folgende Maßnahmen gesteigert werden:

- Erhöhung der Produktivität durch Steigerung der Prozeßgeschwindigkeiten,
- Nutzung der laserspezifischen Verfahrensflexibilität zur Erhöhung der Maschinenauslastung,
- Senkung der Investitionskosten für Laserbearbeitungsmaschinen mit hoher Bahngenauigkeit durch neue, modulare Maschinenkonzepte.

Für die Weiterentwicklung von Laserbearbeitungsmaschinen folgt hieraus in erster Linie die Forderung nach einer deutlichen Steigerung der Bahngeschwindigkeiten bei gleichbleibender oder verbesserter Bahngenauigkeit und gleichbleibenden oder nach Möglichkeit sogar niedrigeren Investitionskosten. Hierzu müssen neue Maschinenkonzepte für Laserbearbeitungszentren entwickelt werden, die sowohl als Universalmaschinen in der Einzelteilfertigung als auch in wirtschaftlich angepaßter Form in der Serienproduktion eingesetzt werden können. Um Laserbearbeitungsmaschinen unter dem Gesichtspunkt optimaler Wirtschaftlichkeit zukünftig einfacher an ein vorgegebenes Werkstückspektrum mit bestimmten Genauigkeitsanforderungen anpassen zu können, ist ein modularer Aufbau des Bewegungssystems, der Strahlführung und der Steuerung anzustreben. Die Verfügbarkeit eines modularen Baukastensystems zum Aufbau gesamter Laseranlagen und zuverlässiger Modelle zur Beschreibung des realen Verhaltens der einzelnen Komponenten erleichtert zudem wesentlich die rechnerunterstützte Planung und Auslegung von Laseranlagen durch die Lasersystemtechnik, der zukünftig eine große Bedeutung zukommen wird (/32/). In diesem Zusammenhang können modular aufgebaute, hochdynamische Strahllagekorrektursysteme, die entsprechend den jeweiligen Erfordernissen konfiguriert werden können, einen wesentlichen Beitrag zur Erhöhung der dynamischen Bahngenauigkeit von Laserbearbeitungsmaschinen leisten.

2.2 Stand der Technik von aktiven Strahlführungssystemen

Unter dem Begriff "aktive Strahlführungssysteme" sind Strahlführungssysteme zu verstehen, die steuerbare optische Komponenten zur Beeinflussung des Strahlwegs und der Intensitätsverteilung im Strahl (Strahlform) enthalten. Strahllagekorrektursysteme, die nur zur Einstellung der Strahlposition und der Strahlrichtung an einem bestimmten Ort des Strahlwegs eingesetzt werden, bilden somit eine Untermenge der aktiven Strahlführungssysteme. Aktive Strahlführungssysteme ermöglichen eine Regelung der Fokusparameter, wenn Sensorsysteme eingesetzt werden, die entweder eine direkte Messung der Fokusparameter oder eine Messung der mit den Fokusparametern verknüpften Eigenschaften des unfokussierten Laserstrahls erlauben.

Bevor im weiteren auf den Stand der Technik von aktiven Strahlführungssystemen eingegangen wird, sollen zum besseren Verständnis der Problematik, die bei der Einhaltung konstanter Fokussierbedingungen auftritt, zunächst die wichtigsten physikalischen Zusammenhänge bei der Ausbreitung und Fokussierung gaußförmiger Strahlen, die z. B. in /11/ ausführlich beschrieben sind, kurz dargelegt werden.

Die freie Ausbreitung gaußförmiger Strahlen wird mit den folgenden Strahlparametern vollständig beschrieben:

- Radius der Strahltaille w_0,
- Divergenzwinkel θ_0,

- Wellenlänge λ,
- Strahlkennzahl K.

Für das sogenannte Strahlparameterprodukt, das ein Maß für die Fokussierbarkeit eines Laserstrahls darstellt (siehe Gleichung 2.7), gilt dabei der Zusammenhang:

$$w_0 \cdot \theta_0 = \frac{\lambda}{\pi \cdot K} \tag{2.1}$$

Die rechte Seite von Gleichung 2.1 enthält nur Konstanten, die durch die Eigenschaften der Strahlquelle festgelegt sind, was bedeutet, daß das Strahlparameterprodukt aus dem Taillenradius w_0 und dem Divergenzwinkel θ_0 ebenfalls eine Konstante ist. Diese bleibt auch bei der Transformation der Strahlparameter durch eine abbildende Optik erhalten. Daraus folgt, daß bei einer Abbildung eine Verkleinerung der Strahltaille eine Vergrößerung des Divergenzwinkels zur Folge hat und umgekehrt.

Die Strahlkennzahl K, deren Wert zwischen 0 und 1 liegt, beschreibt die Abweichung der Intensitätsverteilung im Strahlquerschnitt vom gaußschen Grundmode TEM_{00} (K = 1), der von allen transversalen elektromagnetischen Moden die besten Fokussiereigenschaften besitzt. In den nachfolgenden Betrachtungen wird der Einfachheit halber immer vom gaußschen Grundmode TEM_{00} ausgegangen. Die rotationssymmetrische Intensitätsverteilung eines solchen Laserstrahls wird durch die folgende Gleichung beschrieben:

$$I(r,z) = I_0(z) \cdot \left(\frac{w_0}{w(z)} \right)^2 \cdot e^{(-2 \cdot r^2 / w(z)^2)} \tag{2.2}$$

r: Abstand von der Strahlachse
z: Abstand von der Strahltaille.

Hierbei repräsentiert $I_0(z)$ die Intensität auf der Strahlachse und $w(z)$ den Strahlradius, an dem die Intensität nur noch $e^{-2} \cdot I_0(z)$ beträgt; $w(z)$ wird auch als nomineller Strahlradius bezeichnet.

Der Verlauf des Strahlradius entlang der Kaustikkoordinate z, deren Nullpunkt an der Strahltaille liegt, wird mit Hilfe der Rayleighlänge z_R

$$z_R = \frac{\pi \cdot w_0^2}{\lambda} \qquad\qquad (2.3)$$

durch die folgende Gleichung beschrieben:

$$w(z) = w_0 \cdot \sqrt{1 + (z/z_R)^2} \; . \qquad\qquad (2.5)$$

Der Krümmungsradius der Phasenflächen (Wellenfronten) in Abhängigkeit von der Kaustikkoordinate z läßt sich ebenfalls mit Hilfe der Rayleighlänge angeben:

$$R(z) = z \cdot \left[1 + (z_R/z)^2 \right] \qquad\qquad (2.6)$$

Mit diesen Gleichungen kann der nominelle Strahlradius, die Intensitätsverteilung und die Krümmung der Phasenfläche an jedem beliebigen Punkt auf der Strahlachse berechnet werden.

Trifft ein frei propagierender Gaußstrahl, wie in Bild 2.5 schematisch dargestellt, auf eine Fokussieroptik mit der Brennweite f, so ergeben sich die nachfolgend beschriebenen Beziehungen zwischen den Parametern der Strahlausbreitung vor und nach der Fokussieroptik.

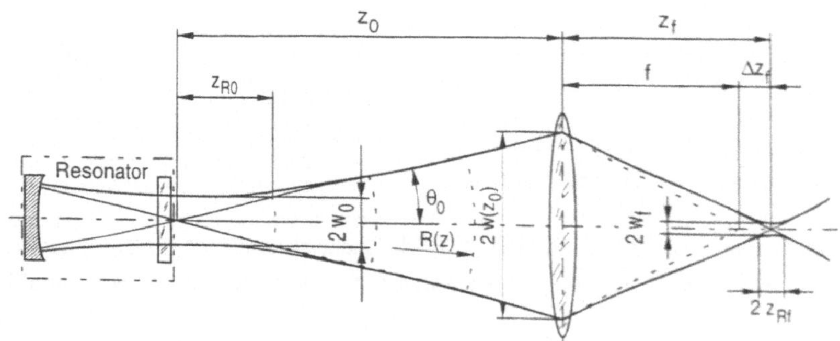

<u>Bild 2.5</u>: Freie Ausbreitung und Fokussierung gaußscher Strahlen

Unter Verwendung der Bezeichnungen aus <u>Bild 2.5</u> und unter der Voraussetzung einer sehr großen Objektweite z_0 bezogen auf die Brennweite f erhält man den Taillenradius des fokussierten Strahls näherungsweise nach der Gleichung:

$$w_f = \frac{w_0 \cdot \theta_0 \cdot f}{w(z_0)} \qquad (2.7)$$

Die Taille des fokussierten Strahls befindet sich wie in <u>Bild 2.5</u> dargestellt nicht in der Brennebene der Fokussieroptik, sondern ist um die Strecke Δz_f verschoben. Diese ergibt sich für große Objektweiten z_0 bezogen auf die Brennweite f durch die Näherung:

$$\Delta z_f \approx \frac{z_0 \cdot f^2}{z_0^2 + z_{R0}^2} \qquad (2.8)$$

Der Fokusabstand z_f zur Hauptebene der Fokussieroptik beträgt somit gemäß <u>Bild 2.5</u>:

$$z_f = f + \Delta z_f . \qquad (2.9)$$

Die sogenannte Schärfentiefe des fokussierten Strahls ist gleich dessen doppelter Rayleighlänge. Die Rayleighlänge des fokussierten Strahls ergibt sich analog zu Gleichung 2.3 aus dem Fokusradius.

$$z_{Rf} = \frac{\pi \cdot w_f^2}{\lambda} . \qquad (2.10)$$

Aus den Gleichungen 2.7 und 2.8 geht im Zusammenhang mit den Gleichungen 2.5 und 2.6 unmittelbar hervor, daß sowohl der Fokusradius als auch der Fokusabstand in starkem Maße von der Objektweite z_0, d. h. der Länge des Strahlwegs zwischen der Strahltaille und der Hauptebene der Fokussieroptik abhängen. Dieser Zusammenhang bereitet vor allem bei Laserbearbeitungsmaschinen mit langen translatorischen Achsen große Probleme, da sich die Fokussierbedingungen und damit auch das Bearbeitungsergebnis in Abhängikeit von der Position der Fokussieroptik im Arbeitsraum ändern. Außerdem besteht auch eine starke Abhängigkeit des Fokusradius und des Fokusabstands von der Rayleighlänge des unfokussierten Strahls. Diese kann bei Strahlquellen mit stabilem Resonator infolge der thermischen Linsenwirkung des Auskoppelfensters in Abhängigkeit der Strahlleistung relativ großen Schwankungen unterworfen sein. Das Ausmaß des thermischen Linseneffekts eines Auskoppelfensters ist zudem von dessen Alterungszustand (Verschmutzungsgrad) abhängig (/9, 11/).

Zur Kompensation dieser störenden Einflüsse, die zusammen mit den Übertragungsfehlern des Strahlführungssystems zu nicht definierten Fokussierbedingungen führen, können aktive Strahlführungssysteme eingesetzt werden. Als steuerbare optische Komponenten von aktiven Strahlführungssystemen kommen variable Teleskope und positionierbare Umlenkspiegel zum Einsatz, mit deren Hilfe sich die Strahlausbreitung so beeinflussen läßt, daß sich die in Bild 2.6 dargestellten Auswirkungen auf den Durchmesser des Fokus und dessen Lage relativ zur Fokussieroptik ergeben.

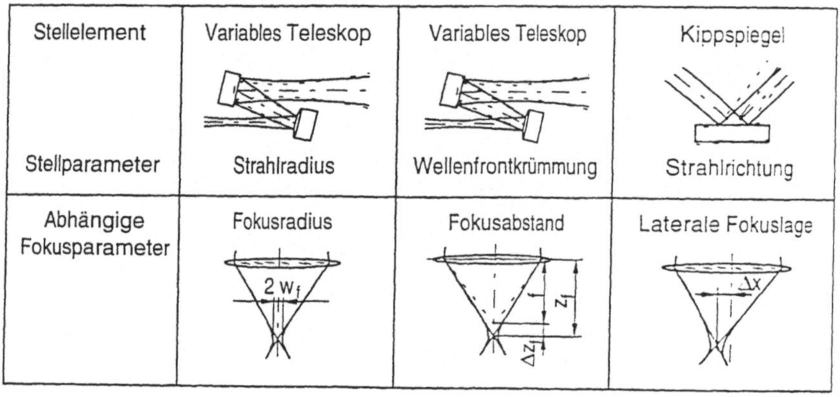

Stellelement	Variables Teleskop	Variables Teleskop	Kippspiegel
Stellparameter	Strahlradius	Wellenfrontkrümmung	Strahlrichtung
Abhängige Fokusparameter	Fokusradius	Fokusabstand	Laterale Fokuslage

Bild 2.6: Stellelemente für aktive Strahlführungssysteme

Variable Teleskope dienen zur Transformation der Strahlparameter und erlauben damit eine gleichzeitige Veränderung des Strahlradius und des Krümmungsradius der Wellenfront an der Fokussieroptik. Der Fokusradius w_f ist dabei näherungsweise umgekehrt proportional zum Strahlradius $w(z_0)$ an der Fokussieroptik (Bild 2.5) und die Fokusverschiebung Δz_f ist näherungsweise umgekehrt proportional zum Krümmungsradius der Wellenfront (siehe Gleichungen 2.7 und 2.8).

Positionierbare Umlenkspiegel erlauben die Beeinflussung des Strahlwegs in der Weise, daß der Strahl an einer definierten Position der Fokussieroptik mit einer definierten

Richtung auftrifft. Eine Neigung des Strahls zur optischen Achse der Fokussieroptik bewirkt dabei wie in <u>Bild 2.6</u> dargestellt einen lateralen Versatz des Fokus zur optischen Achse. Dieser Effekt kann beim Einsatz von Fokussierlinsen zur lateralen Positionierung des Fokus in einem begrenzten Bereich genutzt werden. Dagegen bewirkt eine Neigung des Strahls zur optischen Achse beim Einsatz von asphärischen Fokussierspiegeln neben der Fokusverschiebung eine unerwünschte astigmatische Defokussierung, so daß in diesem Fall der Strahl stets parallel zur optischen Achse des Fokussierspiegels auftreffen muß (siehe Abschnitt 3.1).

aktives Strahl-führungssystem	Quelle		Korrektur des Fokusradius bei Strahllängenänderung	Korrektur des Fokusabstands bei Strahllängenänderung	Korrektur des Fokusradius bei thermischer Linse	Korrektur des Fokusabstands bei thermischer Linse	Korrektur von Strahlrichtungsfehlern	variable Einstellung des Fokusradius	variable Einstellung des Fokusabstands	laterale Positionierung des Fokus	Korrektur von Bahnabweichungen
I	/8/	gesteuert	●	○	○	○	○	○	○	○	○
II	/10/	gesteuert	●	●	○	○	○	●	●	○	○
III	/33/	gesteuert	○	○	○	○	○	○	○	●	●
IV	/7/	geregelt	○	●	○	●	●	○	●	○	○
V	/9/	geregelt	●	○	●	○	○	●	○	○	○
VI	/37/	geregelt	○	○	○	○	●	○	○	◐	○

Funktion wird   ● erfüllt   ◐ eingeschränkt erfüllt   ○ nicht erfüllt

<u>Bild 2.7</u>: Funktionen verschiedener aktiver Strahlführungssysteme

Im folgenden sollen - ohne Anspruch auf Vollständigkeit - einige Beispiele von aktiven Strahlführungssystemen beschrieben werden, die sich zum Teil noch im Stadium der Forschung befinden, zum Teil aber auch schon industriell eingesetzt werden. <u>Bild 2.7</u> zeigt eine Übersicht dieser aktiven Strahlführungssysteme und ihrer Funktionen. Hierbei erfolgt eine Einteilung in geregelte und gesteuerte aktive Strahlführungssysteme. Gesteuerte aktive Strahlführungssysteme besitzen keine Sensoreinrichtungen für die zu korrigierenden Fokusparameter bzw. für die unmittelbar mit den Fokusparametern zusammenhängenden Parameter des unfokussierten Strahls. Sie basieren daher rein auf der Annahme konstanter Strahlparameter der jeweils verwendeten Strahlquelle und den in den Gleichungen 2.1 bis 2.10 beschriebenen physikalischen Gesetzmäßigkeiten der Strahlpropagation.

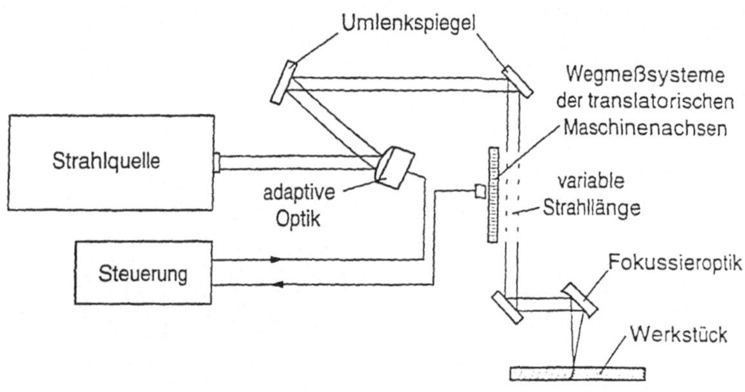

<u>Bild 2.8:</u>   Prinzipdarstellung des aktiven Strahlführungssystems I (/8/)

Das gesteuerte aktive Strahlführungssystem I (/8/), dessen prinzipieller Aufbau in <u>Bild 2.8</u> dargestellt ist, dient zur Konstanthaltung des Fokusradius bei variierender Strahllänge. Die Änderung der Strahllänge wird über die Meßsysteme der translatorischen Maschinenachsen erfaßt und die daraus resultierende Änderung des Strahlradius auf der Fokussieroptik wird mit Hilfe eines variablen Teleskops so kompensiert, daß dieser über den gesamten Verfahrweg der Maschinenachsen konstant bleibt. Gemäß Gleichung 2.7 bleibt somit auch der Fokusradius im gesamten Arbeitsraum konstant. Da nur ein variables Teleskop eingesetzt wird, kann die Wellenfrontkrümmung an der Fokussieroptik nicht gleichzeitig konstant gehalten werden. Änderungen des Fokusabstands, die durch die Wahl eines geeigneten Einbauorts der adaptiven Optik im Strahlweg minimiert wurden, können daher nicht vollständig vermieden werden. Als Stellglied des variablen Teleskops kommt ein adptiver Spiegel zum Einsatz, dessen Oberflächenkrümmung durch einen zentral im Spiegel angeordneten Piezoaktuator variiert werden kann. Da es sich hier um ein gesteuertes System handelt, bei dem weder der Fokusradius noch der Strahlradius auf der Fokussieroptik gemessen wird, kann der Fokusradius nur mit Einschränkungen konstant gehalten werden. Veränderungen der Rayleighlänge des Strahls infolge des vom Alterungszustand des Auskoppelfensters abhängigen thermischen Linseneffekts werden nicht erfaßt und führen somit nach wie vor zu Schwankungen des Fokusradius.

Das in Bild 2.9 dargestellte aktive Strahlführungssystem II, das zur Steuerung der Fokusgeometrie mit Hilfe von zwei gekoppelten variablen Teleskopen dient, wird in /10/ vorgestellt. Die Variation der resultierenden Brennweiten der Teleskope erfolgt wie bei System I durch den Einsatz adaptiver Spiegel. Bei System II wird jedoch zur Steuerung der Oberflächenkrümmung der adaptiven Spiegel der Kühlwasserdruck im Inneren der Spiegel geregelt. Durch die Verwendung von zwei Teleskopen im Strahlengang, in der Nähe der Strahlquelle und im Bearbeitungskopf, lassen sich der Fokusdurchmesser und der Fokusabstand unabhängig voneinander in weiten Bereichen variieren. Das System eignet sich damit sowohl zur Kompensation des Einflusses veränderlicher Strahllängen als auch zur prozeßoptimalen Anpassung des Fokusdurchmessers und des Fokusabstands. Wie bei dem gesteuerten aktiven Strahlführungssystem I können auch hier thermisch bedingte Veränderungen der Rayleighlänge des Strahls nicht kompensiert werden, da eine Sensorik zur Messung des Strahlradius und der Wellenfrontkrümmung an der Fokussieroptik bei dem aktiven Strahlführungssystem II bislang nicht vorhanden ist. Die Entwicklung eines hierfür geeigneten Sensorsystems zur Messung dieser Größen ist daher Gegenstand derzeit noch laufender Forschungsarbeiten (/34/).

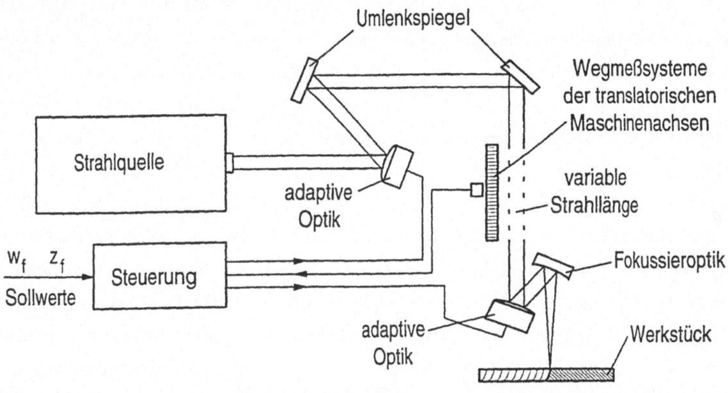

Bild 2.9: Prinzipdarstellung des aktiven Strahlführungssystems II (/10/)

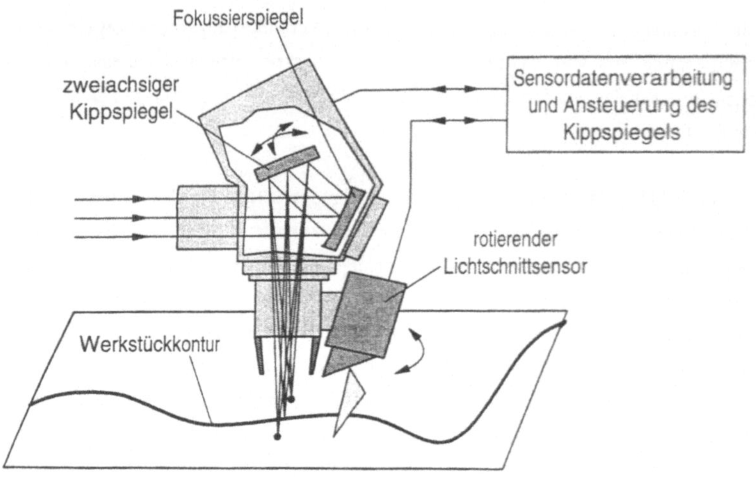

<u>Bild 2.10:</u> Prinzipdarstellung des aktiven Strahlführungssystems III (/33/)

Eine Möglichkeit zur gesteuerten, hochdynamischen Fokuspositionierung wird durch das in <u>Bild 2.10</u> dargestellte aktive Strahlführungssystem III (/33/) aufgezeigt. Der aktive Teil des Strahlführungssystems befindet sich hier ausschließlich im Bearbeitungskopf, während die Strahlübertragung von der Strahlquelle zum Berbeitungskopf auf konventionelle Weise erfolgt. Der Bearbeitungskopf enthält einen asphärischen Fokussierspiegel, dem ein in zwei Achsen verkippbarer Planspiegel nachgeordnet ist, der innnerhalb eines kleinen Arbeitsbereichs eine hochdynamische laterale Positionierung des Fokus auf dem Werkstück ermöglicht. Die Sollwerte für die Position des Fokus können dabei z. B. von einem vorauseilenden Geometriesensor bei der Verfolgung einer Schweißkante erzeugt werden. Trotz eines solchen Sensoreinsatzes handelt es sich bei dem System III bezüglich der Fokuspositionierung ebenfalls um ein gesteuertes System, da durch den Sensor die tatsächliche Fokuslage auf dem Werkstück nicht erfasst wird. Eine Neigung des Strahls zur optischen Achse des Fokussierspiegels, die durch eine fehlerhafte Strahlübertragung oder durch Richtungsschwankungen der Strahlquelle verursacht werden kann, wird nicht erkannt und führt somit zu einer fehlerhaften Fokusposition. Durch die Anordnung des Kippspiegels im Fokusstrahlengang müssen zwangsläufig große Brennweiten verwendet werden, um noch einen ausreichenden Arbeitsabstand des Kippspiegels von der Werkstückoberfläche zu erhalten. Die Standard-Brennweite des Systems beträgt daher 500 mm. Mit derartig großen Brennweiten lassen sich jedoch aufgrund der großen Fokussierzahlen keine sehr kleinen Fokusdurchmesser erreichen.

Der Übergang von den beschriebenen gesteuerten Strahlführungssystemen zu einem geregelten System ist bei Verfügbarkeit geeigneter Sensoreinrichtungen prinzipiell immer möglich. Praxistaugliche Sensoreinrichtungen zur on-line-Erfassung der Strahlparameter in der Nähe der Fokussieroptik müssen hierfür die folgenden Anforderungen erfüllen:

- kurze Ansprechzeiten,
- kompakter Aufbau,
- keine Störung des Strahlverlaufs
- Robustheit gegenüber Umweltbedingungen in Fertigungsanlagen,
- vertretbare Kosten.

Zur Messung einiger relevanter Strahlparameter wie z. B. des Strahldurchmessers und der Wellenfrontkrümmung stehen zur Zeit nur relativ komplex aufgebaute und kostspielige Laserstrahldiagnosesysteme für CO_2-Laser (siehe z. B. /35/) zur Verfügung. Diese wurden für den Laboreinsatz konzipiert und erfüllen nicht die oben aufgeführten Anforderungen, da sie entweder nicht on-line-fähig, zu groß, nicht für den Einsatz in einem beschleunigten System geeignet oder einfach zu teuer sind (/9/). Ansätze zum Aufbau geregelter aktiver Strahlführungssysteme konzentrieren sich daher vor allem auf die Entwicklung kompakter, kostengünstiger und echtzeitfähiger Sensorsysteme zur Messung von Strahlposition, Strahlrichtung, Strahlradius und Wellenfrontkrümmung (/34/).

Das in Bild 2.11 dargestellte geregelte aktive Strahlführungssystem IV, das bereits für den industriellen Einsatz angeboten wird, wird in /7, 36/ vorgeschlagen. Das System ermöglicht das Konstanthalten der lateralen Fokusposition und des Fokusabstands im geschlossenen Regelkreis. Dabei werden sowohl Änderungen der Wellenfrontkrümmung als auch Richtungsschwankungen des Strahls an der Fokussieroptik kompensiert. Zur Detektion der relevanten Strahlparameter wird über einen Lochspiegel ein geringer Anteil der Strahlleistung ausgekoppelt und mittels einer astigmatischen Optik auf einen pyroelektrischen Quadrantendetektor fokussiert. Aus der Verteilung der Intensität auf die einzelnen Quadranten des Detektors läßt sich sowohl die laterale Lage des Bearbeitungsfokus als auch der Fokusabstand bestimmen. Voraussetzung für die Ermittlung des Fokusabstands ist bei dieser Sensoreinrichtung jedoch, daß der fokussierte Strahl gegenüber dem Quadrantendetektor zentriert sein muß. Daher müssen laterale Abweichungen von dieser festen Fokusposition durch die Regelung sehr dynamisch korrigiert werden. Ein Einsatz des Systems zur lateralen Positionierung des Fokus ist somit nicht möglich. Als Stellglied dient bei diesem System ein adaptiver Spiegel, dessen Oberfläche im Zentrum fixiert ist und durch drei am Spiegelrand angeordnete Piezoaktuatoren sowohl gekrümmt als auch gekippt werden kann. Die Zeitkonstanten der verwendeten pyroelektrischen Detektoren und Piezoaktuatoren erlauben eine dynamische Regelung der Fokusposition mit einer Bandbreite von ca. 30 Hz und des Fokusabstands mit ca. 1Hz (/36/). Da nur eine adaptive Optik zur Verfügung steht, die zur Regelung des Fokusabstands verwendet wird, ist eine gleichzeitige Steuerung oder Regelung des Fokusdurchmessers nicht möglich.

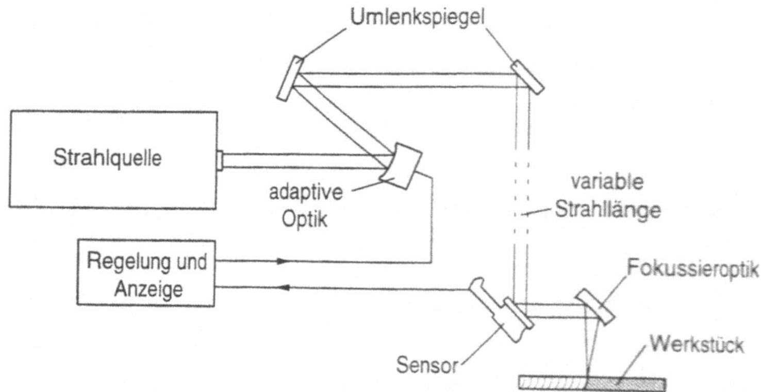

<u>Bild 2.11</u>: Prinzipdarstellung des aktiven Strahlführungssystems IV (/7/)

<u>Bild 2.12</u> zeigt das aktive Strahlführungssystem V (/9/), das zur Regelung der Lage und des Durchmessers des Strahls an der Fokussieroptik dient. Dabei wird der Einfluß sowohl der Strahllänge als auch des thermischen Linseneffekts auf den Fokusradius eliminiert. Der aktive Teil des Strahlführungssystems befindet sich hier nur im Bearbeitungskopf, während die Strahlübertragung von der Strahlquelle zum Bearbeitungskopf auf konventionelle Weise erfolgt. Die Sensoreinrichtung besteht aus einer Anordnung von vier jeweils um 90° versetzten Thermoelement-Sensoren, die sternförmig in den Randbereich des Laserstrahls hineinragen. Diese vier Thermoelemente bilden einen Quadrantendetektor, mit dem sowohl die Strahlposition bezüglich des Mittelpunkts der Sensoreinrichtung als auch der Strahldurchmesser bestimmt werden kann. Voraussetzung für die Bestimmung des Strahldurchmessers ist bei dieser Sensoreinrichtung eine

rotationssymmetrische Intensitätsverteilung im Strahl. Außerdem muß der Strahl zuvor zur Sensoreinrichtung zentriert werden und die Intensitätsverteilung des Strahls am Meßort muß bekannt sein. Da die Intensitätsverteilung im Strahl sowohl vom Meßort als auch von der Laserleistung abhängt, müssen bei Laserbearbeitungsmaschinen mit langen translatorischen Achsen sehr viele Kennlinien ermittelt werden, um im gesamten Arbeitsbereich eine ausreichend genaue Bestimmung des Strahldurchmessers zu ermöglichen. Hinzu kommt, daß die Intensitätsverteilung im Strahl und damit auch die Kennlinien der Sensoreinrichtung vom Alterungszustand des Auskoppelfensters abhängen, so daß diese in regelmäßigen Wartungszyklen neu aufgenommen werden müssen. Als Stellglieder dienen bei System V ein dreilinsiges variables Teleskop zur Einstellung des Strahldurchmessers und zwei um jeweils eine Achse verkippbare Planplatten zur Zentrierung des Strahls. Die Verstellung des Teleskops und der Planplatten erfolgt dabei über elektromechanische Schrittmotorantriebe. Mit dieser Antriebstechnik für die optischen Elemente und wegen der großen Zeitkonstanten der eingesetzten Thermoelement-Sensoren lassen sich mit diesem System nur sehr geringe Regelungsbandbreiten für die Strahlposition und den Strahldurchmesser erzielen. Das System ist daher allenfalls für die Kompensation langsam variierender Störeinflüsse geeignet. Ein Ausgleich dynamischer Störeinflüsse, wie sie in hoch beschleunigten, sehr schnell bewegten Strahlführungssystemen auftreten können, ist damit nicht möglich.

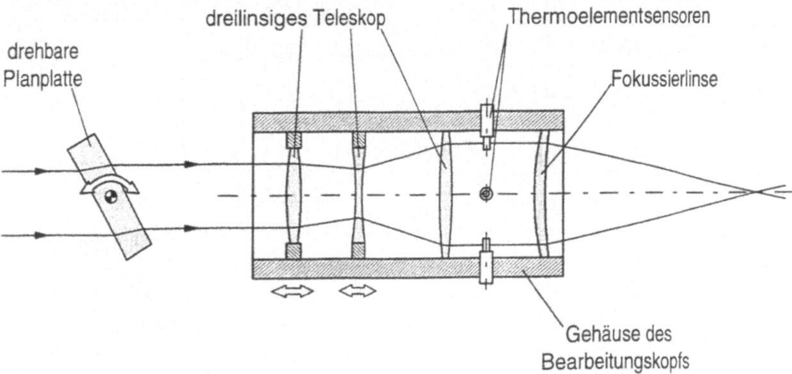

<u>Bild 2.12</u>: Prinzipdarstellung des aktiven Strahlführungssystems V (/9/)

In /37/ wird das in <u>Bild 2.13</u> dargestellte geregelte Strahlführungssystem VI vorgestellt, bei dem ein Strahllagesensor zum Einsatz kommt, der in /38/ beschrieben wird. Das

System erlaubt die Korrektur der Strahlposition und Strahlrichtung an der Fokussieroptik. Unter der Voraussetzung, daß zur Fokussierung eine Linse eingesetzt wird, kann
die laterale Fokusposition in engen Grenzen variiert werden. Bei dem eingesetzten
Strahllagesensor handelt es sich um einen modifizierten Laserspiegel, der eine dicht
unterhalb der Spiegeloberfläche integrierte quadrantenförmige Anordnung von thermo-
resistiven Sensoren besitzt. Durch die Auswertung der Temperaturverteilung der Spiegeloberfläche in den einzelnen Quadranten läßt sich die Position des Laserstrahls auf der
Spiegeloberfläche bestimmen. Der Strahllagesensor erreicht nur eine relativ geringe
Auflösung der Strahlposition von 0,5 mm und besitzt eine Zeitkonstante von ca. 0,5 bis 1
Sekunden. Als Stellglied des aktiven Strahlführungssystems wird ein Planspiegel einge-
setzt, der über Piezotranslatoren in zwei Achsen hochdynamisch verkippt werden kann.
Dennoch erreicht die Gesamtanordnung aus Kippspiegel und Strahllagesensor, die sich
bislang noch im Laborstadium befindet, infolge der großen Zeitkonstante des Strahllage-
sensors nur eine Eckfrequenz von knapp 1 Hz im geschlossenen Strahllageregelkreis.
Das System eignet sich daher ebenfalls nur zur Kompensation langsam variierender
Störeinflüsse wie z. B. thermisch bedingte Strahlrichtungsschwankungen.

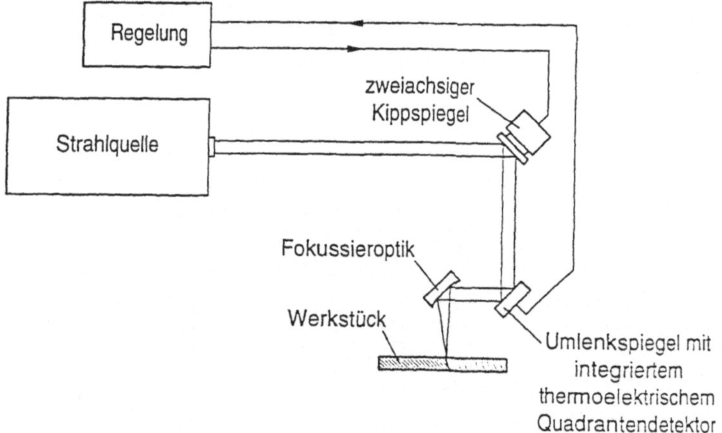

<u>Bild 2.13</u>: Prinzipdarstellung des aktiven Strahlführungssystems VI (/37/)

Wie aus der Übersicht in <u>Bild 2.7</u> hervorgeht, erfüllt keines der beschriebenen aktiven
Strahlführungssysteme alle aufgeführten Funktionen. Der überwiegende Teil dieser
Systeme wurde für die Gewährleistung definierter Fokusdurchmesser und Fokusabstände

konzipiert, die wegen ihres entscheidenden Einflusses auf den thermischen Bearbeitungsprozeß eine unabdingbare Vorraussetzung für eine hohe Bearbeitungsqualität darstellen. Die dynamischen Eigenschaften ihrer Stellglieder und Sensoren erlauben dabei lediglich die Kompensation langsam variierender Störeinflüsse wie z: B. Strahllängenänderungen, thermische Linsenwirkung des Auskoppelfensters, Strahlrichtungsschwankungen aufgrund von Lager-Laufabweichungen usw..

Zur Steigerung der Bahngenauigkeit von Laserbearbeitungsmaschinen leisten nur die Systeme III, IV und VI, die die Funktion von Strahllagekorrektursystemen besitzen, einen Beitrag. Durch die Korrektur von Strahlrichtungsfehlern an der Fokussieroptik wird mit den Systemen IV und VI eine stabile laterale Position des Fokus bezüglich der optischen Achse der Fokussieroptik erreicht. Das System III erlaubt eine hochdynamische Korrektur von Bahnabweichungen des Bearbeitungskopfs gegenüber dem Werkstück.

Die Gesamtheit der Korrekturmöglichkeiten von aktiven Strahlführungssystemen wird beim derzeitigen Stand der Technik von keinem bislang realisierten System ausgeschöpft. Dieses kann nur erreicht werden, wenn alle in <u>Bild 2.7</u> aufgeführten Funktionen in einem aktiven Strahlführungssystem vereint werden. Das aktive Strahlführungssystem kann dabei aus zwei autonomen Teilsystemen zur Beeinflussung der Strahlform und zur Beeinflussung des Strahlverlaufs aufgebaut sein. Im folgenden Abschnitt 3 wird erläutert, welche Möglichkeiten zur Steigerung der Bahngenauigkeit von Laserbearbeitungsmaschinen speziell das als *Strahllagekorrektursystem* bezeichnete Teilsystem zur Beeinflussung des Strahlverlaufs bietet. Die sich daraus ergebenden Anforderungen an den Aufbau und die Eigenschaften solcher Strahllagekorrektursysteme werden in Abschnitt 4 dargelegt.

3 Möglichkeiten zur Verringerung der Bahnabweichungen von Laserbearbeitungsmaschinen

Eine unzureichende absolute Bahngenauigkeit ist nicht nur bei Laserbearbeitungsmaschinen, sondern generell bei Industrierobotern ein großes Problem. Unter der absoluten Bahngenauigkeit ist dabei die Genauigkeit zu verstehen, mit der die im Basiskoordinatensystem vorgegebene Kontur einer programmierten Bewegungsbahn nachgefahren werden kann. In der Literatur wurden bereits verschiedene maschinenbauliche Maßnahmen sowie programmiertechnische, steuerungstechnische und regelungstechnische Verfahren vorgeschlagen, die zur Verbesserung der absoluten Bahngenauigkeit von Industrierobotern beitragen. Die in dieser Arbeit untersuchten Strahllagekorrektursysteme stellen eine Ergänzung dieser Möglichkeiten zur Genauigkeitserhöhung speziell für Laserbearbeitungsmaschinen dar. Bevor im weiteren die verschiedenen Möglichkeiten zur Verringerung von Bahnabweichungen diskutiert und einander gegenübergestellt werden, sollen zunächst die wichtigsten Fehlerquellen aufgezeigt werden, die sich auf die absolute Bahngenauigkeit von Laserbearbeitungsmaschinen auswirken.

3.1 Ursachen von Bahnabweichungen

Die wichtigsten Einflußgrößen auf die absolute Bahngenauigkeit von Laserbearbeitungsmaschinen sind in <u>Bild 3.1</u> zusammengefaßt.

Dynamische Lageregelabweichungen der Maschinenachsen gehören zu den wesentlichsten Ursachen von Bahnabweichungen. Beim Einsatz konventioneller Lageregelungen mit Proportional-Lageregler und unterlagertem Proportional-Integral-Geschwindigkeitsregler ergeben sich geschwindigkeits- und beschleunigungsabhängige Schleppabstände zwischen Soll- und Istposition. Schleppabstände führen insbesondere bei abknickenden oder gekrümmten Bahnen, bei ungleichen Geschwindigkeitsverstärkungen der einzelnen Lageregelkreise und bei Maschinenkinematiken mit rotatorischen Achsen zu starken Bahnverzerrungen (/39, 40/).

43

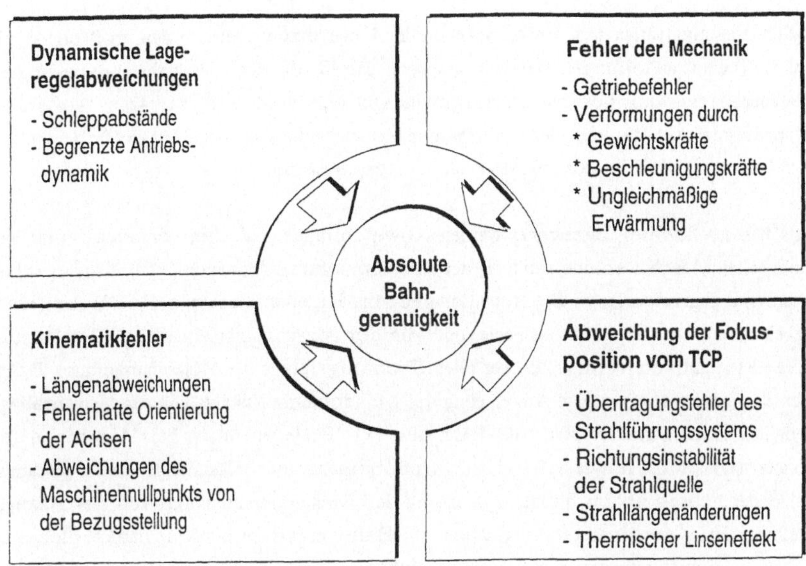

<u>Bild 3.1</u>: Einflüsse auf die Bahngenauigkeit von Laserbearbeitungsmaschinen

Eine weitere Hauptfehlerquelle stellen die mechanischen Komponenten der Maschinen dar. Dabei ist zu unterscheiden zwischen bewegungswandelnden mechanischen Übertragungsgliedern, wie z. B. Getrieben oder Kugelgewindetrieben, und tragenden mechanischen Elementen, die lediglich der Kraft- oder Bewegungsübertragung dienen, wie z. B. Roboterarme oder Traversen. Bei indirekter Lagemessung werden die Übertragungsfehler der bewegungswandelnden Übertragungsglieder von den Lagemeßeinrichtungen der Achsen nicht erfaßt und gehen in vollem Umfang als Abweichung von der Sollposition ein. Relevante Fehler der bewegungswandelnden Übertragungsglieder sind vor allem Winkelübertragungs- oder Spindelsteigungsfehler sowie Elastizität und Umkehrspanne. Die Fehler sind systematisch und daher sehr gut reproduzierbar. Sie ändern sich nur in längerfristigen Zeiträumen durch Abnutzung. Die Erfassung dieser Fehler ist durch den Einsatz von direkten Lagemeßeinrichtungen an den Maschinenachsen möglich. Dagegen sind elastische Verformungen der tragenden mechanischen Elemente der kinematischen Kette, die durch Gewichtskräfte, thermisch induzierte Spannungen oder Beschleunigungskräfte hervorgerufen werden können, in der Regel nicht durch direkte Lagemeßeinrichtungen der Maschinenachsen erfaßbar. Untersuchungen an einem Laserroboter in Knickarmbauweise mit innenliegender Strahlführung ergaben, daß die Winkelübertragungsfehler und Umkehrspannen der Übersetzungsgetriebe den größten Anteil zu den Bahnabweichungen beitragen, während die Größe der schleppabstandsbedingten Bahnfehler erst bei höheren Bahngeschwindigkeiten dominiert (/41, 42/). Außerdem wurde festgestellt, daß bei dem untersuchten Roboter die Elastizität der Getriebe ca. um den Faktor 5 größer ist, als die Elastizität der Roboterarme.

Als Kinematikfehler bezeichnet werden Abweichungen zwischen der realen und der nominellen Maschinenkinematik, die der Koordinatentransformation in der Numerischen Steuerung zugrunde liegt. Die Auswirkungen von Kinematikfehlern auf die Bahngenauigkeit hängen von der Art der Fehler und von der Maschinenkinematik ab. Bei kartesischen Kinematiken verursachen vor allem Richtungsfehler der Maschinenachsen Bahnverzerrungen, während eine Abweichung des Maschinennullpunkts von der Nominallage lediglich einen Parallelversatz der Bahn bewirkt. Dagegen führen bei Maschinen mit rotatorischen Achsen, wie z. B. bei Knickarmrobotern, sowohl Richtungs- und Abstandsfehler der Achsen als auch eine Abweichung des Maschinennullpunkts von der Bezugsstellung der Koordinatentransformation zu Bahnverzerrungen. Kinematikfehler sind reproduzierbare systematische Fehler, die nicht von den Lagemeßsystemen der Maschinenachsen erfaßt werden, selbst wenn es sich dabei um direkt messende Systeme handelt. Außer durch Fertigungs- und Montageungenauigkeiten werden Kinematikfehler auch durch Verformungen von tragenden mechanischen Elementen verursacht. Die realen Kinematikparameter können somit von den Achspositionen und vom Erwärmungszustand der Maschine abhängen. Zur Identifikation von Kinematikfehlern an Werkzeugmaschinen und Industrierobotern werden zur Zeit vorwiegend optische Meßverfahren angewandt, die teilweise aus dem Bereich der Geodäsie übernommen wurden (/43, 44/).

Die bislang diskutierten Fehlergrößen treten allgemein bei Werkzeugmaschinen und Industrierobotern auf. Wie in Abschnitt 2 bereits erwähnt, kommt bei Laserbearbeitungsmaschinen jedoch noch hinzu, daß der Fokus, der den Werkzeugeingriffspunkt darstellt, infolge von Störeinflüssen vom nominellen TCP abweichen kann. Durch Abweichungen des Fokus vom TCP in lateraler Richtung des Werkzeugvektors (= optische Achse der Fokussieroptik), die durch Strahlrichtungsfehler an der Fokussieroptik hervorgerufen werden, entstehen dabei zusätzliche Bahnabweichungen. Dagegen bewirken axiale Abweichungen des Fokus vom TCP, die durch Strahllängenänderungen und thermische Linsenwirkungen verursacht werden können, wegen der senkrechten Orientierung des Werkzeugvektors zur Werkstückoberfläche in der Regel keine weiteren

Bahnfehler, sondern führen zu nicht definierten Fokussierbedingungen und damit zu einer Verschlechterung der Bearbeitungsqualität. <u>Bild 3.2</u> zeigt als Beispiel die Auswirkungen einer fehlerhaften Strahlrichtung auf die Fokussierung an einem asphärischen Spiegel. Außer einem lateralen Versatz des Fokus bewirkt der Strahlrichtungsfehler hier zudem eine astigmatische Differenz zwischen Meridonal- und Sagittal-Fokus und damit eine Verringerung der Intensität im Brennfleck (/45/).

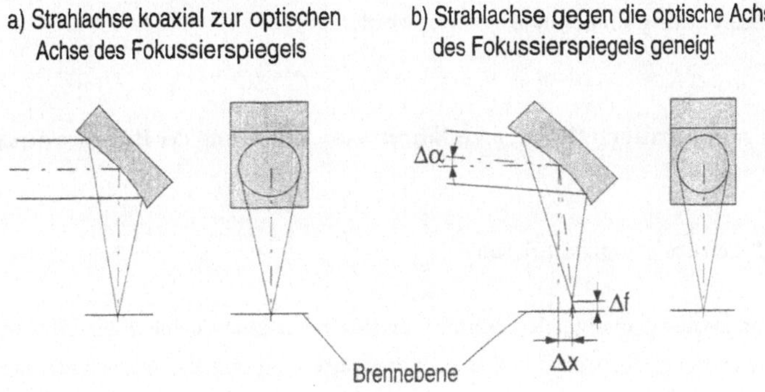

<u>Bild 3.2:</u> Auswirkungen von Strahllagefehlern an einem asphärischen Fokussierspiegel

Ursachen für eine fehlerhafte Strahllage an der Fokussieroptik sind neben Strahlrichtungsschwankungen der Laserstrahlquelle, die typischerweise in einer Größenordnung von 0,15 mrad liegen (/35/), vor allem Übertragungsfehler des Strahlführungssystems. In konventionellen Strahlführungssystemen, bei denen die Umlenkspiegel lediglich über mechanische Verbindungselemente, Lager und Führungen zueinander ausgerichtet sind, kommen Strahlübertragungsfehler hauptsächlich zustande durch

- eine fehlerhafte Justierung des Strahls zu den mechanischen Achsen,
- Laufabweichungen in Lagern und Führungen,
- sowie elastische Verformungen des mechanischen Aufbaus durch Gewichts- und Beschleunigungskräfte.

Laterale Fokuslagefehler sind daher teilweise systematische und teilweise zufällige, nicht reproduzierbare Fehler. Außer auf die Bahngenauigkeit können sich laterale Fokuslagefehler auch negativ auf den technologischen Bearbeitungsprozeß auswirken. Gründe hierfür sind z. B. eine Dejustierung von Gasstrahl und Laserstrahl beim Laserschneiden (/8/) und das Entstehen einer astigmatischen Fokusform beim Einsatz von asphärischen Fokussierspiegeln.

Nach diesem Überblick über die wesentlichsten Einflußgrößen auf die Bahngenauigkeit von Laserbearbeitungsmaschinen sollen in den folgenden Abschnitten einige Möglichkeiten zur Erhöhung der Bahngenauigkeit diskutiert und deren Eignung für den Einsatz bei Laserbearbeitungsmaschinen bewertet werden.

3.2 Programmiertechnische Verfahren zur Erhöhung der Bahngenauigkeit

3.2.1 Teach-in-Programmierung

Der Einsatz kostengünstiger Knickarmroboter zur Laserbearbeitung anstelle von teuren Portalmaschinen ist wirtschaftlich sehr interessant. Gegenüber Portalmaschinen weisen sie jedoch aufgrund ihres konstruktiven Aufbaus eine wesentlich schlechtere absolute Bahngenauigkeit auf. Wie eine Untersuchung bei BMW (/46/) zeigt, reicht die absolute Bahngenauigkeit von Knickarmrobotern in den meisten Fällen für die Anforderungen der Lasermaterialbearbeitung nicht aus.

Da die Wiederholgenauigkeit dieser Geräte jedoch sehr viel besser ist, als die absolute Genauigkeit, ist es durch eine Programmierung der Bahn im sogenannten teach-in-Verfahren dennoch möglich, eine für die Lasermaterialbearbeitung ausreichende Konturgenauigkeit zu erzielen. Bei der teach-in-Programmierung von Bahnstützpunkten werden die reproduzierbaren systematischen Fehler der mechanischen Übertragungselemente und der Maschinenkinematik in diesen Bahnpunkten eliminiert. Dadurch ergibt sich beim Abfahren der Bahnstützpunkte im Automatikbetrieb eine hohe Bahngenauigkeit.

Die systematischen Fehler von Laserbearbeitungsmaschinen - insbesondere Winkelübertragungsfehler von Getrieben - können jedoch auch auf kurzen Bahnabschnitten relativ stark schwanken. Daher müssen zum Erzielen einer hohen Bahngenauigkeit relativ viele eng beieinanderliegende Bahnstützpunkte angefahren und abgespeichert werden (/47/) Bei manueller teach-in Programmierung bedeutet dies vor allem bei Einzelwerkstücke eine starke Erhöhung der Nebenzeiten und verhindert eine effektive Ausnutzung der Laserbearbeitungsmaschine für die eigentliche Bearbeitungsaufgabe (/25/). Zur Lösung dieses Problems wurde daher in /48/ ein Verfahren vorgeschlagenen, bei dem der teach-in-Vorgang durch das Abspeichern von Bahnstützpunkten während der Bewegung automatisiert wurde.

Eine gemeinsame Einschränkung dieses Verfahrens mit der manuellen teach-in-Programmierung besteht darin, daß die zu programmierende Kontur vom Werkstück abgenommen werden muß, was in der Regel nur bei Fügeaufgaben, jedoch nicht bei Schneidaufgaben möglich ist. Da außerdem die teach-in-Programmierung nicht mit dem eigentlichen Bearbeitungswerkzeug, dem Fokus des Leistungslaserstrahls erfolgen kann, ist die Genauigkeit sowohl der manuellen als auch der automatisierten teach-in-Programmierung begrenzt.

Die aufgezeigten Eigenschaften verdeutlichen, daß die gegenwärtig noch häufig praktizierte teach-in-Programmierung von Laserrobotern eher eine Notlösung zur Erhöhung der Bahngenauigkeit darstellt, die zukünftig durch den Einsatz effektiverer Maßnahmen ersetzt werden sollte.

3.2.2   Off-line-Programmierung

Einen Ansatz zur Erhöhung der Bahngenauigkeit von Knickarmrobotern ohne teach-in-Programmierung bietet die off-line-Programmierung unter Verwendung eines mathematischen Modells, das das reale Verhalten des Roboters beschreibt (/49/). Eine CAD-orientierte off-line-Programmierung erlaubt die Nutzung von vorhandenen CAD-Daten sowohl des Werkstücks als auch des Roboters und seiner Umgebung zur automatisierten Generierung von Bewegungsprogrammen. Off-line-Programmiersysteme bieten große Vorteile bei der Erstellung und Optimierung von Bewegungsprogrammen mit Hilfe von Bahnplanungsalgorithmen und erlauben durch die Verlagerung der Programmierung an einen Rechnerarbeitsplatz eine Erhöhung der Hauptnutzungszeit der Bearbeitungsmaschine.

Da die Bewegungsbahnen in der Regel für das idealisierte Nominalsystem generiert werden, ergibt eine Ausführung des Bewegungsprogramms auf einer realen fehlerbehafteten Laserbearbeitungsmaschine zwangsläufig Bahnabweichungen. Um dieses Problem zu lösen, wird in /49/ vorgeschlagen, bei der Generierung der Bewegungsprogramme ein mathematisches Modell des realen Verhaltens des Roboters zu Grunde zu legen. Dabei müssen alle relevanten systematischen Fehlergrößen des Geräts identifiziert und in das Modell aufgenommen werden. Der Erfolg dieser Methode hängt somit wesentlich von der Vollständigkeit und Genauigkeit des identifizierten Modells ab. Außerdem können zufällige Fehler und alterungsbedingte Veränderungen von systematischen Fehlern nicht berücksichtigt werden.

Zur vollständigen Modellierung einer Laserbearbeitungsmaschine, bei der sowohl das Verhalten der Führungsmaschine als auch der Strahlquelle und des Strahlführungssystems zu beachten ist, sind sehr viele schwierig zu identifizierende Modellparameter erforderlich, die den Erfolg der Methode in Frage stellen. Es erscheint daher zur Unterstützung des Verfahrens sinvoll, Fehlergrößen, die zufällig auftreten oder schwierig zu identifizieren und zu beschreiben sind, mit anderen Methoden entgegenzuwirken. Dagegen lassen sich systematische Fehler wie z. B. Kinematikfehler und Getriebeübertragungsfehler sehr gut mit Hilfe eines Fehlermodells eliminieren (/41/).

3.3 Maschinentechnische Maßnahmen zur Erhöhung der dynamischen Bahngenauigkeit

Maschinentechnische Maßnahmen zur Erhöhung der dynamischen Bahngenauigkeit von Laserbearbeitungsmaschinen zielen vor allem auf die Minimierung der Fehlereinflüsse der mechanischen Übertragungsglieder und auf eine Erhöhung des Beschleunigungsvermögens der Antriebe der Maschinenachsen. Eine Möglichkeit, diese Ziele zu erreichen, bieten innovative Maschinenkonstruktionen (/50, 51/), bei denen elektrische Direktantriebe in Verbindung mit Leichtbaustrukturen zum Einsatz kommen. Bei Direktantrieben entfallen die nachteiligen Eigenschaften von Getrieben, die eine der gravierendsten Fehlerquellen von Industrierobotern darstellen. Direktantriebe können vor allem dort vorteilhaft eingesetzt werden, wo die folgenden Randbedingungen gegeben sind:

- geringe bewegte Masse,
- hohe mechanische Steifigkeit,
- geringe Störkräfte,
- keine statische Belastung des Antriebs.

Sind diese Randbedingungen erfüllt, dann können mit Direktantrieben gegenüber konventionellen elektromechanischen Antrieben

- höhere Beschleunigungen,
- höhere Verfahrgeschwindigkeiten,
- längere Verfahrwege,
- eine höhere Regeldynamik und
- eine bessere Positioniergenauigkeit

erreicht werden. Die Regeldynamik und die Positioniergenauigkeit sind dabei um so höher, je höher die Geschwindigkeitsverstärkungen der Lageregelkreise eingestellt werden können. Bei einer ideal steifen Mechanik wird die maximal einstellbare Geschwindigkeitsverstärkung praktisch nur durch die Abtastfrequenz und die Rechentotzeit der digitalen Regeleinrichtung und durch die Auflösung des Lagemeßsystems begrenzt (/52/).

Da die Laserbearbeitung ein kraftfreies Bearbeitungsverfahren ist und das Werkzeug "Laserstrahl" keine Masse besitzt, lassen sich die geforderten Randbedingungen insbesondere bei 2D-Laserbearbeitungsmaschinen mit kurzen kinematischen Ketten gut erfüllen. Dabei muß mit Hilfe geeigneter Leichtbaustrukturen dafür Sorge getragen werden, daß die bewegten Massen gering und die Steifigkeiten der tragenden mechanischen Elemente hoch sind.

Der Einsatz von Direktantrieben an Werkzeugmaschinen und Industrierobotern wirft aber auch große konstruktive und regelungstechnische Probleme auf. Grundsätzliche Probleme bereiten bei Direktantrieben vor allem

- das große Volumen und die große Masse der Motoren,
- der schlechte elektrisch-mechanische Wirkungsgrad, der zu starker Wärmeentwicklung im Motor führt und
- die höhere Empfindlichkeit der Lageregelung gegenüber Parameterschwankungen, wie z. B. Schwankungen des Fremdträgheitsmoments.

Für das Erreichen hoher Beschleunigungen ist es bei 3D-Laserbearbeitungsmaschinen mit längeren kinematischen Ketten erforderlich, die relativ schweren Direktantriebsmotoren soweit wie möglich an das nicht bewegte Ende der kinematischen Kette zu verlagern. Um dieses Ziel zu erreichen, können gegebenenfalls Sonderkinematiken mit mechanisch gekoppelten Achsen eingesetzt werden. Um starke thermische Verformungen der Maschine zu vermeiden, sind in der Regel geeignete Kühleinrichtungen an den Motoren erforderlich. Desweiteren können elektrische Direktantriebe ihre dynamischen Vorteile nur dann entfalten, wenn die angetriebene Struktur ausreichend steif gebaut ist. Insbesondere mechanische Nachgiebigkeiten, die innerhalb der Wirkkette von Motor und Lagemeßsystem liegen, können die erreichbare Regeldynamik stark vermindern (/53/). Die Eigenschwingungen dieser Nachgiebigkeiten sollten in jedem Falle stark gedämpft sein, da aufgrund der extrem hohen Dynamik elektrischer Direktantriebe auch mechanische Eigenschwingungen mit Frequenzen von einigen hundert Hertz angeregt und über eine Rückkopplung im Lageregelkreis verstärkt werden können. An dieser Stelle muß bemerkt werden, daß die Idealvorstellung einer starren Mechanik von Direktantriebssystemen in der Realität nur in Ausnahmefällen näherungsweise erfüllt wird. Im Regelfall wird es so sein, daß die Steifigkeit und das Dämpfungsverhalten der Mechanik wesentlichen Einfluß auf die erreichbare Regeldynamik und somit auf die dynamische Bahngenauigkeit direktangetriebener Bearbeitungsmaschinen besitzt. Diese Tatsache erfordert eine optimale Auslegung und Gestaltung des gesamten Maschinenaufbaus, so daß der Konstruktionsaufwand und die Herstellungskosten von direktangetriebenen Maschinen deutlich höher liegen als bei Maschinen mit konventionellen elektromechanischen Antrieben.

3.4 Steuerungs- und regelungstechnische Verfahren zur Erhöhung der Bahngenauigkeit

3.4.1 Kompensation von Getriebefehlern im Lageregelkreis

Unter wirtschaftlichen Gesichtspunkten ist ein kostengünstiger, modularer Aufbau von Laserbearbeitungsmaschinen anzustreben, wie er in /5/ am Beispiel von Industrierobotern mit variabler Kinematik beschrieben ist. Die elektromechanischen Antriebe dieser Roboter befinden sich direkt in den jeweiligen Gelenken, so daß in den Armen keine bewegungsübertragenden Elemente untergebracht werden müssen. Die für die Laserbearbeitung erforderliche Genauigkeit solcher modular aufgebauter Industrieroboter kann durch den Einsatz von hochauflösenden direkten Lagemeßsystemen in Verbindung mit geeigneten Regelungsverfahren erreicht werden. Dieses wurde durch die bereits in Abschnitt 3.1 erwähnten Untersuchungen an dem in <u>Bild 3.3</u> dargestellten modular aufgebauten Knickarmroboter mit integrierter Strahlführung nachgewiesen (/41, 42/).

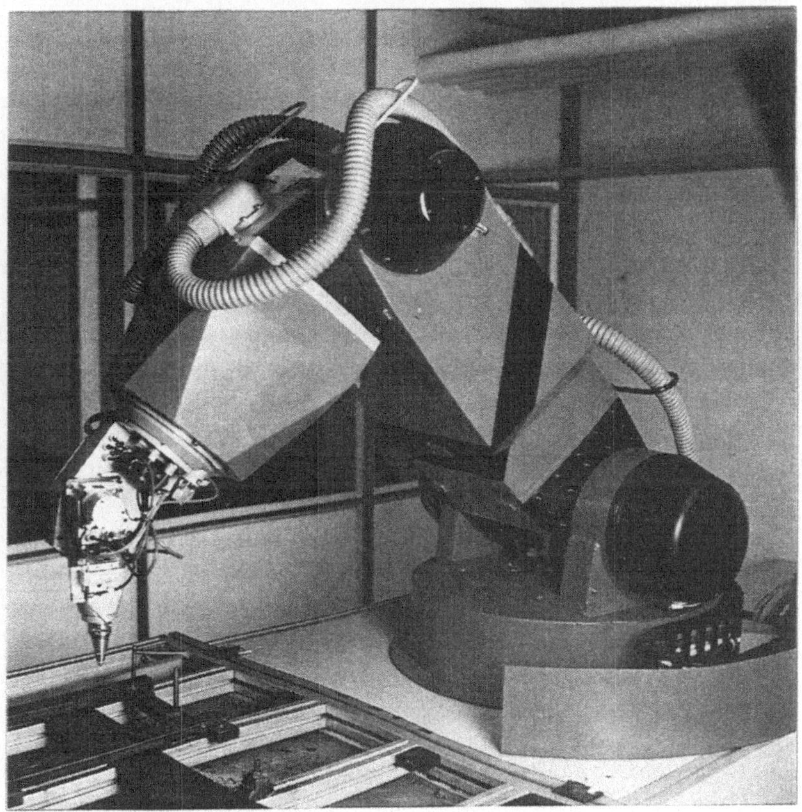

<u>Bild 3.3</u>: Untersuchter Knickarmroboter mit integrierter Strahlführung

Durch den Einsatz direkter Lagemeßsysteme an den Gelenkachsen wurden die als Hauptfehlerquelle identifizierten Übersetzungsgetriebe in den Lageregelkreis einbezogen. Beim Positionieren konnten damit die Getriebefehler vollständig ausgeregelt werden. Dagegen verschlechterte sich das dynamische Verhalten des konventionellen P/PI-Lageregelkreises aufgrund der Reduktion der Phasenreserve im Regelkreis durch das schwingungsfähige Getriebe. Die Schwingungen der Getriebe und deren Winkelübertragungsfehler, die im wesentlichen periodisch mit der Drehung der Antriebswelle verlaufen, konnten wegen der geringen Bandbreite des konventionellen Lageregelkreises zunächst nicht im gesamten Arbeitsgeschwindigkeitsbereich in befriedigender Weise ausgeregelt werden.

Aus diesem Grund wurde die konventionelle P/PI-Lagereglerstruktur durch eine Zustandsreglerstruktur ersetzt, die eine aktive Dämpfung der innerhalb der Regelstrecke liegenden Mechanik und eine Erhöhung der Bandbreite des Lageregelkreises erlaubte. Damit konnte der Geschwindigkeitsbereich, innerhalb dessen eine befriedigende Ausregelung der periodischen Getriebefehler möglich war, deutlich ausgedehnt werden. Wegen der prinzipiellen Eigenschaft aller Regelkreise, daß der Regler erst reagiert, wenn eine Regelabweichung bereits aufgetreten ist, verbleiben bei einer endlichen Reglerverstärkung immmer dynamische Restfehler. Da der Verlauf des periodischen Winkelübertragungsfehlers jedoch reproduzierbar ist und bereits im voraus identifiziert werden kann, erweist sich eine gesteuerte Kompensation dieses Fehlers als sehr effektiv. Durch die verzögerungsfreie, gesteuerte Aufschaltung der Korrekturwerte zu den Lagesollwerten kann im gesamten Arbeitsgeschwindigkeitsbereich eine nahezu vollständige Eliminierung der periodischen Winkelübertragungsfehler erzielt werden. Die Aufgabe des Lageregelkreises bei der Kompensation von Getriebefehlern reduziert sich damit auf die Ausregelung der Getriebeelastizität und der Umkehrspanne. Die Erfahrungen mit dem untersuchten Roboter zeigen, daß auch die Umkehrspanne der Getriebe aufgrund der beschränkten Bandbreite der Lageregelkreise nicht dynamisch genug ausgeregelt werden kann. Die Verwendung eines Korrekturalgorithmus zur gesteuerten Kompensation der Umkehrspanne, wie er beispielsweise in /54/ beschrieben wird, ist daher ebenfalls empfehlenswert.

3.4.2 Vorsteuerverfahren zur Eliminierung von Schleppabständen

Ein großer Anteil der Bahnabweichungen von Laserbearbeitungsmaschinen wird durch Schleppabstände der Antriebsachsen verursacht. Zur Behebung dieses Problems können Vorfilter zur Geschwindigkeits- und Beschleunigungsvorsteuerung eingesetzt werden. Vorfilter erfüllen die Aufgabe, neben den Lagesollwerten auch die mit Faktoren gewichteten Geschwindigkeits- und Beschleunigungssollwerte dem Lageregler aufzuschalten. Bei Wahl eines geeigneten Vorfilters ist es möglich, Schleppabstände so weit zu reduzieren, daß nur noch bei einer Änderung der Achsbeschleunigung ein Schleppabstand auftritt, der gegenüber dem Schleppabstand ohne Vorsteuerung mehrere Größenordnungen kleiner ist (/51, 52/). Die verbleibenden Schleppabstände sind dabei umso geringer, je geringer die Parameterschwankungen der Regelstrecke sind. Der Einsatz von Vorfiltern bringt somit bei elektromechanischen Antrieben, die naturgemäß nur relativ geringe Parameterschwankungen aufweisen, große Vorteile. Dagegen ist der Einsatz von Vorfiltern bei Direktantrieben aufgrund der wesentlich größeren Parameterschwankungen nach /52/ nur bei nicht kartesischen Kinematiken zu empfehlen.

Der Einsatz von Vorfiltern zur Geschwindigkeits- und Beschleunigungsvorsteuerung ist nicht ohne geeignete Interpolationsverfahren zur Führungsgrößenerzeugung möglich. Wegen des fehlenden Schleppabstands von lagegeregelten Antrieben mit solchen Vorfiltern müssen deren physikalische Grenzen bezüglich der maximal möglichen Beschleunigung und Beschleunigungsänderung (Ruck) bei der Führungsgrößenerzeugung strenger beachtet werden als bei Antrieben ohne Vorfilter. Sollwertverläufe, die den Antrieb an seine Aussteuerungsgrenzen bringen, sind unbedingt zu vermeiden, da sie sehr starke Bahnverzerrungen bewirken und im Extremfall sogar zur Instabilität des lagegeregelten Antriebs führen können.

3.4.3   Kompensation elastischer Verformungen

Elastische Verformungen des mechanischen Aufbaus beeinträchtigen bei Laserbearbeitungsmaschinen sowohl die Bahngenauigkeit der Führungsmaschine als auch die Strahlübertragung von der Strahlquelle zur Fokussieroptik. Eine weitere Steigerung der Bahngenauigkeit läßt sich daher durch die Kompensation der elastischen Verformungen erreichen, die nicht von direkten Lagemeßsystemen der Antriebsachsen erfaßt werden, wie z. B. die Durchbiegung oder Torsion von Traversen. Optische Meßverfahren, die einen Laserstrahl als Referenz für den unverformten Zustand nutzen, eignen sich dabei besonders gut für die direkte Messung der Verformungen. Derartige Lasermeßsysteme, die in den mechanischen Aufbau von Robotern integriert werden können, wurden erstmals in einfacher Art in /5/ realisiert und ihre Funktionsfähigkeit nachgewiesen. In /6/ wird der Einsatz solcher Meßsysteme für die Erfassung von Biege- und Torsionsverformungen an sehr großen Robotern und Manipulatoren vorgeschlagen.

Der prinzipielle Aufbau einer Anordnung zur Messung von Biegeverformungen ist als Beispiel in Bild 3.4 skizziert. Das Funktionsprinzip beruht darauf, daß die Richtung des Meßlaserstrahls auf der eingespannten Seite des Trägers unabhängig von dessen Verfor-

mungen ist. Am freien Ende des Trägers befindet sich im einfachsten Fall ein positions-
empfindlicher Detektor, der die verformungsbedingten Verschiebungen des Armendes
gegenüber dem Laserstrahl mißt.

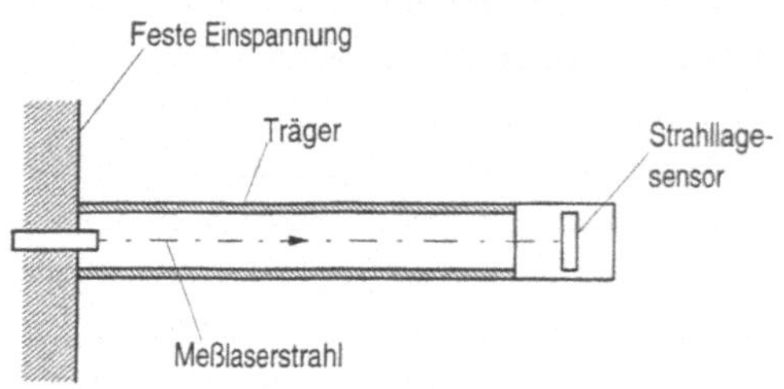

a) Unverformter Träger

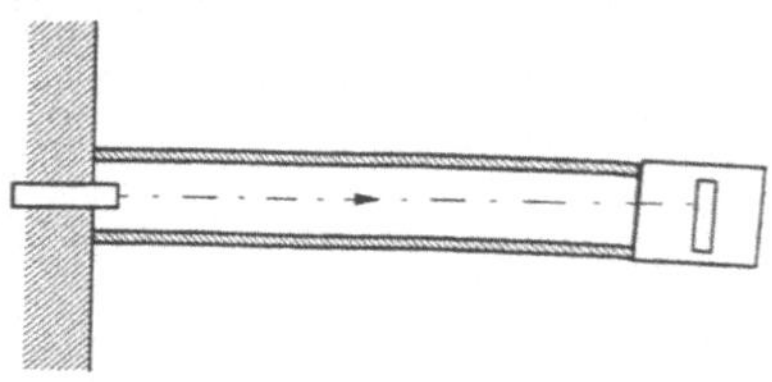

b) Verformter Träger

<u>Bild 3.4:</u> Funktionsprinzip der direkten Messung von Biegeverformungen mit Hilfe
eines Laserstrahls

Da Laserbearbeitungsmaschinen naturgemäß bereits einen im mechanischen Aufbau
geführten Laserstrahl besitzen, bietet sich der Einsatz von Lasermeßsystemen zur Erfassung dessen geometrischer Abweichungen hier besonders an. Dabei ist insbesondere eine
Doppelfunktion von Strahllagemeßsystemen zur Verformungsmessung und gleichzeiti-
gen Messung von Strahlübertragungsfehlern anzustreben. Die Kenntnis der Verformungen der Mechanik ermöglicht zusammen mit der Kenntnis der realen Kinematikparameter und den direkt gemessenen Achspositionen eine sehr genaue Bestimmung der tatsächlichen Ist-Position des TCP. Die ermittelten Abweichungen der Ist-Position von der
aktuellen Soll-Position können anschließend entweder auf herkömmliche Weise mit der
gesamten Laserbearbeitungsmaschine als Stellglied, oder mit Hilfe schneller Zusatz-

achsen korrigiert werden. Die Vorteile, die sich durch den Einsatz von schnellen Zusatzachsen ergeben, werden im folgenden Abschnitt näher erläutert.

3.4.4 Korrektur von Bahnabweichungen mit Hilfe von Zusatzachsen

Werden Bahnabweichungen mit dem gesamten Roboter als Stellglied korrigiert, so lassen sich aufgrund der begrenzten Dynamik der Hauptachsen und der Rechentotzeit in der Bahnsteuerung mit diesen Systemen nur relativ geringe Bandbreiten der Korrekturregelkreise erreichen. Eine wesentlich höhere Bandbreite von Korrekturregelkreisen kann dagegen durch den Einsatz von Zusatzachsen am Bearbeitungswerkzeug erzielt werden (/57/).

Insbesondere bei der Laserbearbeitung, wo nur ein masseloser Strahl positioniert werden muß, ergeben sich vielfältige Möglichkeiten zur Gestaltung hochdynamischer Zusatzachsen. Bild 3.5 zeigt in einer schematischen Darstellung, wie solche Zusatzachsen als Elemente eines aktiven Strahlführungssystems beispielsweise für das Laserschweißen realisiert werden können (siehe auch Bild 2.10). Die Zusatzachsen, die nur einen Stellbereich von einigen Millimetern zu besitzen brauchen, sind durch eine einfachere Koordinatentransformation mit dem Koordinatensystem des vorauseilenden Kontursensors verknüpft als die gesamte Laserbearbeitungsmaschine. Damit lassen sich dank kleinerer Rechentotzeiten und extrem hoher Dynamik der Zusatzachsen deutlich höhere Bandbreiten der Korrekturregelkreise, ein kürzerer Sensorvorlauf und höhere Bahngeschwindigkeiten erreichen als auf herkömmliche Weise.

Wie in Bild 3.5 dargestellt, werden zur Detektion von Werkstückkanten und zur Verfolgung von Schweißnähten häufig Kontursensoren in Form von optischen Lichtschnittsensoren eingesetzt (/33, 55, 56/). Der Sensorvorlauf muß dabei so groß gewählt werden, daß bei maximaler Bahngeschwindigkeit genügend Zeit für die Aufbereitung des Sensorsignals in der Bahnsteuerung verbleibt, bevor der TCP die abgetastete Stelle des Werkstücks erreicht. Die Bahn-Sollpositionen der Führungsmaschine werden dabei prinzipbedingt nicht in denjenigen Achspositionen und nicht zu den Zeitpunkten ermittelt, in denen der TCP die zugeordneten Punkte des Werkstücks passiert. Infolge positionsabhängiger Getriebe- und Kinematikfehler sowie Schwingungen des mechanischen Aufbaus hängt die Genauigkeit, mit der der TCP der abgetasteten Kontur nachgeführt werden kann, von der Größe des Sensorvorlaufs ab. Je kürzer der Sensorvorlauf gewählt werden kann, desto geringer wird die Abweichung des TCP von der abgetasteten Kontur. Um das Verfahren auch bei hohen Bahngeschwindigkeiten und kleinem Sensorvorlauf erfolgreich einsetzen zu können, ist eine sehr schnelle Signalverarbeitung in der Sensorperipherie und in der Bahnsteuerung erforderlich.

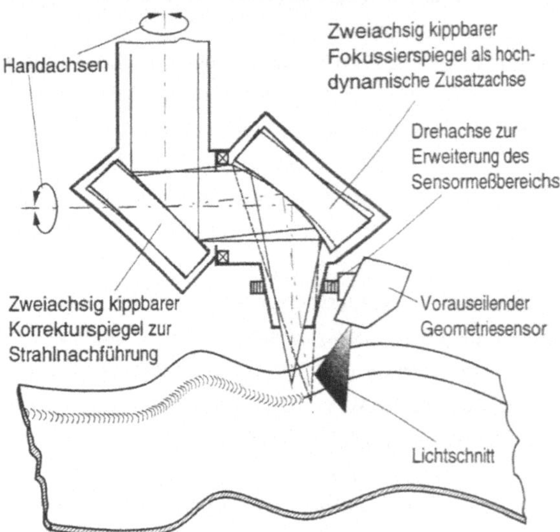

<u>Bild 3.5</u>: Prinzipieller Aufbau von Zusatzachsen am Beispiel des Laserschweißens

3.4.5 Geregelte Korrektur von Strahlübertragungsfehlern

Infolge elastischer Verformungen und mechanischer Fertigungstoleranzen treten in Strahlführungssystemen, bei denen die Umlenkspiegel nur über mechanische Verbindungselemente, Lager und Führungen zueinander ausgerichtet sind, Strahlübertragungsfehler auf. Diese bewirken einen Versatz des Fokus zum nominellen TCP und erzeugen damit zusätzliche Konturabweichungen am Werstück.

Um die Strahlübertragungsfehler möglichst klein zu halten, werden herkömmliche Strahlführungen sehr steif konstruiert und, soweit dies möglich ist, außerhalb des Hauptkraftflusses der Führungsmaschine angebracht. Die zum Einsatz kommenden Lagerungen und Führungen müssen höchste Qualität besitzen und präzise montiert werden. Um eine möglichst genaue Justierung des Strahls zu den mechanischen Achsen zu erreichen, ist insbesondere bei rotatorischen Bewegungsachsen der Einsatz von Justiervorrichtungen erforderlich, die eine hochauflösende Messung der Strahlrichtung und der Strahlposition bezüglich der mechanischen Achsen erlauben (/42/). Trotz des hohen mechanischen Aufwands, mit dem die Strahlübertragungsgenauigkeit herkömmlicher Strahlführungssysteme erkauft wird, lassen sich Strahlübertragungsfehler bei diesen Systemen nicht vollständig vermeiden. Angesichts der hohen Bahnbeschleunigungen, die von zukünftigen Generationen von Laserbearbeitungsmaschinen gefordert werden, müssen die bewegten mechanischen Teile relativ massearm gestaltet werden. Hieraus ergibt sich eine begrenzte Steifigkeit dieser Teile, die vor allem unter der Einwirkung hoher Beschleunigungskräfte zu größeren Strahlübertragungsfehlern führen kann.

Zur Lösung dieser Problematik können aktive optische Elemente zur hochdynamischen Korrektur des Strahlverlaufs eingesetzt werden, die zusammen mit Sensoren zur Detektion der Position und Richtung des Strahls an der Fokussieroptik ein Strahllagekorrektursystem bilden. Den prinzipiellen Aufbau eines solchen Strahllagekorrektursystems zeigt Bild 3.6.

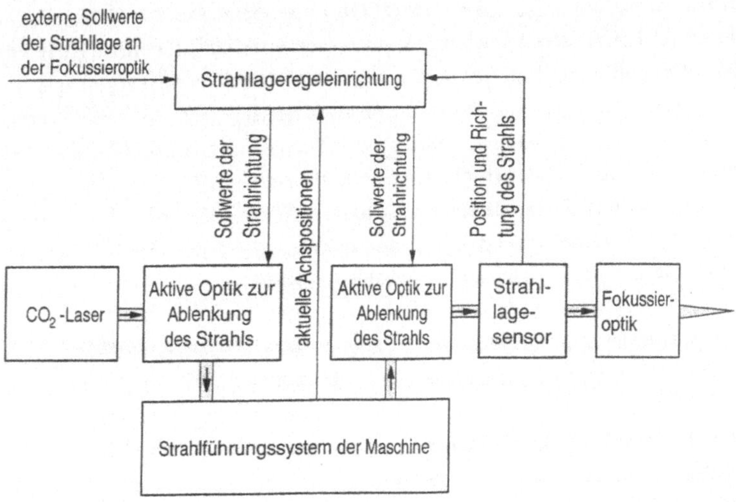

Bild 3.6: Prinzipieller Aufbau eines Strahllagekorrektursystems

Die Messung der Strahlrichtung und Strahlposition erfolgt unmittelbar vor der Fokussieroptik. Zur Regelung der beiden Größen werden jeweils zwei Freiheitsgrade der aktiven Optiken benötigt, die zur Ablenkung des Strahls eingesetzt werden. Für die Regelung der Strahlposition an der Fokussieroptik ist es günstig, die aktive Optik möglichst weit entfernt vom Strahllagesensor anzuordnen, um mit einem geringen Stellwinkel relativ große Lageabweichungen zu korrigieren. Dagegen ist für die Regelung der Strahlorientierung eine Platzierung der aktiven Optik unmittelbar vor dem Strahllagesensor vorteilhaft, da in diesem Fall eine Veränderung der Strahlrichtung nur eine geringe Veränderung der Strahlposition hervorruft. Auf diese Weise ergibt sich eine gute Entkopplung der Regelkreise für die Strahlrichtung und die Strahlposition.

Strahllagekorrektursysteme können jedoch nicht nur zur Korrektur von Übertragungsfehlern des Strahlführungssystems eingesetzt werden. Wie in <u>Bild 3.5</u> angedeutet, eignen sie sich auch hervorragend dazu, den Fokus relativ zur Optik bzw. zum Werkstück hochdynamisch zu positionieren. Strahllagekorrektursysteme können daher bei Laserbearbeitungsmaschinen gleichzeitig die Funktion hochdynamischer Zusatzachsen erfüllen und damit zur Korrektur von Bahnabweichungen eingesetzt werden.

Das Funktionsprinzip des in <u>Bild 3.4</u> dargestellten Lasermeßsystems zur Erfassung von Verformungen ist bei genauer Betrachtung nichts anderes als die Umkehrung des Prinzips der Strahllagemessung. In beiden Fällen werden relative Verkippungen und Verschiebungen zwischen dem Strahl und der Sensoreinrichtung gemessen. Im Falle der Strahllagemessung stellt die Sensoreinrichtung das Bezugsystem dar, während im Falle der Verformungsmessung der Laserstrahl als Bezug für den unverformten Zustand dient. Da auf diese Weise mit ein und derselben Strahllagesensoreinrichtung sowohl Strahllagefehler als auch Verformungen erfaßt werden können, liegt es nahe, in einem Strahllagekorrektursystem beide Funktionen gleichzeitig zu nutzen.

Ein geeignet aufgebautes Strahllagekorrektursystem für CO_2-Laserbearbeitungsmaschinen kann somit gleichzeitig drei verschiedene Funktionen erfüllen:

- die on-line-Korrektur von Strahlübertragungsfehlern,
- die Messung von mechanischen Verformungen und
- die hochdynamische Positionierung des Fokus.

3.5 Zusammenfassung und Bewertung der Einsatzmöglichkeiten von hochdynamischen Strahllagekorrektursystemen

In den vorangegangenen Abschnitten wurden die wichtigsten Fehlerquellen, die sich auf die Bahngenauigkeit von Laserbearbeitungsmaschinen auswirken, sowie einige Möglichkeiten zur Erhöhung der Bahngenauigkeit aufgezeigt. In Tabelle 3.1 sind die verschiedenen Verfahren zur Genauigkeitserhöhung den Fehlereinflüssen zugeordnet, die mit dem jeweiligen Verfahren reduziert werden. Die Korrekturmaßnahmen, die mit einem Strahllagekorrektursystem ausgeführt werden können, sind in Tabelle 3.1 durch Fettdruck hervorgehoben.

Bei der Reduzierung von dynamischen Lageregelabweichungen bietet der Einsatz von hochdynamischen Zusatzachsen eine interessante Alternative zu direkt angetriebenen Grundachsen. Die Zusatzachsen, die ein um ein bis zwei Größenordnungen höheres Beschleunigungsvermögen als die Grundachsen aufweisen können, werden in der Weise eingesetzt, daß die meßbaren Bahnabweichungen durch entsprechende Korrekturbewegungen der Zusatzachsen kompensiert werden. Bahnabweichungen, die einfach mit Hilfe von direkten Meßsystemen an den Maschinenachsen ermittelt werden können, sind z. B. Schleppabstandsfehler und Getriebefehler, die von den Achsantrieben nicht vollständig ausgeregelt werden. Simulationen zum dynamischen Verhalten von Führungsmaschinen mit hochdynamischen Zusatzachsen haben gezeigt, daß z. B. beim Durchfahren einer Ecke mit hoher Bahngeschwindigkeit sehr viel kleinere Eckenabweichungen erreicht werden können als ohne Zusatzachsen (/58/). Dabei war die ermittelte Bahngenauigkeit weitgehend unabhängig vom Beschleunigungsvermögen der Grundachsen. Eine Kombination aus konventionellen elektromechanischen Grundachsenantrieben und hochdynamischen Zusatzachsen kann somit insbesondere bei 3D-Laserbearbeitungsmaschinen eine wirtschaftlich und technisch interessante Alternative zu direkt angetriebenen Grundachsen bieten. Da die Funktion der Zusatzachsen bei Laserbearbeitungsmaschinen von einem Strahllagekorrektursystem übernommen werden kann, das gleichzeitig zur Korrektur von Strahlübertragungsfehlern und zur Messung von Verformungen genutzt wird, bietet sich diese Möglichkeit zur Erhöhung der Bahngenauigkeit hier besonders an. Wie Tabelle 3.1 zeigt, ist dabei zur Reduzierung sämtlicher Fehlereinflüsse neben dem Einsatz eines Strahllagekorrektursystems und direkter Meßsysteme an den Maschinenachsen auch eine Berücksichtigung der realen Kinematikparameter bei der Koordinatentransformation erforderlich.

Die Anforderungen, die an den Aufbau und die Eigenschaften hierfür geeigneter Strahllagekorrektursysteme und deren Komponenten gestellt werden müssen, werden im folgenden Abschnitt 4 behandelt.

Dynamische Lageregelabweichungen	Fehler der Mechanik	Kinematikfehler	Abweichung des Fokus vom TCP
Erhöhung der Antriebsdynamik mit Hilfe von Direktantrieben	Programmierung im teach-in-Verfahren	Programmierung im teach-in-Verfahren	**Korrektur von Strahllagefehlern in einem geschlossenen Regelkreis**
Kompensation von Lageregelabweichungen mit hochdynamischen Zusatzachsen	Vermeidung von Getriebefehlern durch Einsatz von Direktantrieben	Berücksichtigung der realen Kinematik bei der off-line-Programmierung	
Eliminierung der Schleppabstände durch geeignete Vorsteuerverfahren	Kompensation von Getriebefehlern im Lageregelkreis bei direkter Lagemessung	Verwendung der realen Kinematikparameter bei der Koordinatentransformation	
	Kompensation von Verformungen des mechanischen Aufbaus		

Tabelle 3.1:   Verfahren zur Reduktion der Bahnfehler von Laserbearbeitungsmaschinen

4 Anforderungen an ein Strahllagekorrektursystem für CO_2-Laserbearbeitungsmaschinen

4.1 Funktionen des Strahllagekorrektursystems

Das Strahllagekorrektursystem, das die in Abschnitt 3.4 genannten Aufgaben erfüllen soll, muß die nachfolgenden Funktionen erfüllen, deren gegenseitige Abhängigkeiten in Bild 4.1 dargestellt sind.

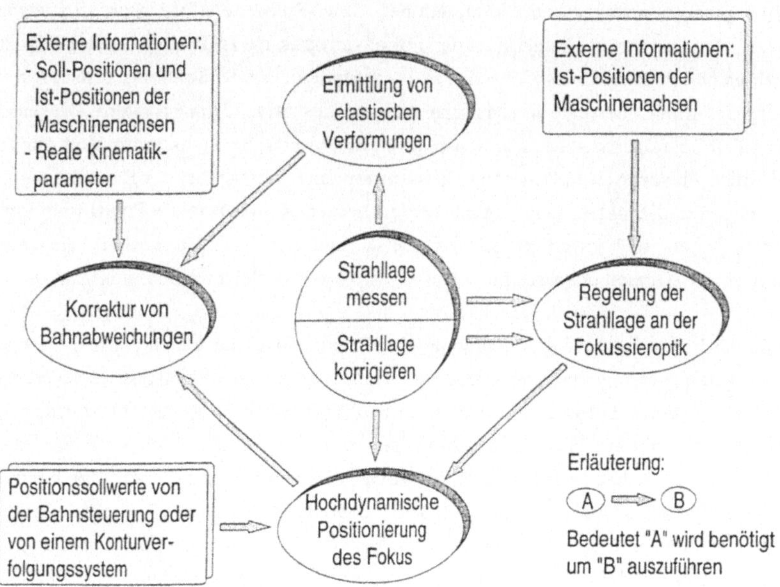

Bild 4.1: Funktionen des Strahllagekorrektursystems

Die in Bild 4.1 zentral dargestellten Grundfunktionen des Strahllagekorrektursystems sind die Funktionen

- Strahllage messen und
- Strahllage korrigieren.

Unter dem Begriff *Strahllage* ist dabei sowohl die Richtung als auch die Position des Strahls an einem bestimmten Ort des Strahlwegs zu verstehen. Auf diesen beiden Grundfunktionen bauen folgende komplexere Funktionen des Strahllagekorrektursystems auf:

- Regelung der Strahllage an der Fokussieroptik
- Hochdynamische Positionierung des Fokus
- Ermittlung von elastischen Verformungen
- Korrektur von Bahnabweichungen

Zur Ausführung bestimmter Funktionen des Strahllagekorrektursystems sind, wie in Bild 4.1 gezeigt, einige externe Informationen bzw. Sollwerte erforderlich. So werden z. B. zur Regelung der Strahllage an der Fokussieroptik die Ist-Positionen der Maschinenachsen benötigt, wenn zwischen den aktiven Optiken und der Strahllagesensorik rotatorisch oder linear bewegte mechanische Achsen des Strahlführungssystems liegen. In diesem Fall besteht zwischen den Sensorkoordinaten und den Stellkoordinaten ein von der Position dieser Achsen abhängiger Zusammenhang, weshalb bei der Berechnung der Stellgrößen für die aktiven Optiken aus der gemessenen Strahllage die Positionen sämtlicher zwischen der jeweiligen aktiven Optik und der Strahllagesensorik liegenden mechanischen Achsen des Strahlführungssystems berücksichtigt werden müssen.

Bei der hochdynamischen Positionierung des Fokus in einem kleinen Arbeitsbereich müssen dem Strahllagekorrektursystem Sollwerte der lateralen Fokusposition vorgegeben werden. Diese Sollwerte können, wie in Abschnitt 3.4.4 aufgezeigt wurde, beispielsweise von einem Konturfolgesystem generiert werden oder auch von der Bahnsteuerung der Laserbearbeitungsmaschine, wobei die beiden Freiheitsgrade der lateralen Fokusposition bei der Bahninterpolation wie zusätzliche, redundante Maschinenachsen behandelt werden können. Zur hochdynamischen dreidimensionalen Positionierung des Fokus kann das Strahllagekorrektursystem außerdem mit einer Anordnung von variablen Teleskopen nach /10/ (siehe Abschnitt 2.2) kombiniert werden. Der Einsatz des Strahllagekorrektursystems in der Funktion hochdynamischer Zusatzachsen ermöglicht bei vorgegebener Konturgenauigkeit das Erreichen höherer Bahngeschwindigkeiten an stark gekrümmten Konturabschnitten oder Ecken. Die Bearbeitung kleiner Konturen, wie z. B. das Ausschneiden von Bohrungen mit einem Durchmesser von weniger als 3 mm, kann sogar ganz ohne Bewegung der Grundachsen der Führungsmaschine erfolgen. Eine weitere Aufgabe bei der Laserbearbeitung, die mit Hilfe der hochdynamischen Fokuspositionierung erfüllt werden kann, besteht in der Erzeugung bestimmter zeitlich gemittelte

Intensitätsverteilungen durch oszillierende Bewegungen des Fokus auf dem Werkstück. Solche speziellen Intensitätsverteilungen, die sonst nur mit Sonderoptiken erzielbar sind, sind unter anderem bei der Oberflächenbehandlung (/59/) und beim Schweißen (/60/) vorteilhaft.

Die komplexeste Aufgabe des Strahlagekorrektursystems stellt die Korrektur von Bahnabweichungen dar, die praktisch alle Funktionen des Strahllagekorrektursystems in sich vereinigt. Zur Bestimmung der Bahnabweichungen der Maschine benötigt das Strahllagekorrektursstem von der Bahnsteuerung der Laserbearbeitungsmaschine aktuelle Informationen über die Lagesoll- und -istwerte aller Maschinenachsen. Um möglichst exakte Lageistwerte zu erhalten, müssen dabei direkte Meßsysteme an den Maschinenachsen eingesetzt werden. Unter Einbeziehung der realen Kinematikparameter der Maschine wird die Ist-Position des TCP im Raumkoordinatensystem mit hoher Genauigkeit aus den Ist-Positionen der Maschinenachsen und dem ermittelten Verformungszustand des mechanischen Aufbaus bestimmt. Durch einen Vergleich der ermittelten Ist-Position des TCP's mit dessen Sollposition, die sich aus den Lagesollwerten der Maschinenachsen und den nominellen Kinematikparametern ergibt, werden anschließend die Stellgrößen für die Korrektur der Fokuslage berechnet.

4.2 Anforderungen an das Strahllagekorrektursystem

4.2.1 Anforderungen an den Aufbau des Gesamtsytems

Der prinzipielle Aufbau eines einfachen Strahllagekorrektursystems wurde bereits in Abschnitt 3.4 beschrieben und in Bild 3.6 schematisch dargestellt. Nach Bild 3.6 besteht ein Strahllagekorrektursystem aus folgenden Teilkomponenten:

- Aktive Optik zur Ablenkung des Strahls,
- Strahllagesensor,
- Strahllageregeleinrichtung.

Aus diesen drei Teilkomponenten lassen sich auch komplexere Anordnungen als die in Bild 3.6 dargestellte realisieren. So können z. B. zur separaten Messung der elastischen Verformungen verschiedener tragender Elemente des mechanischen Aufbaus einer

Laserbearbeitungsmaschine mehrere Strahllagesensoren im Strahlweg so angeordnet werden, daß die Strahllage jeweils vor und nach den elastischen Elementen gemessen wird. Desweiteren kann auch die Fokussieroptik, wie in Bild 3.5 dargestellt, zur Positionierung des Fokus als aktive Optik ausgebildet werden.

Da eines der Hauptziele des Strahllagekorrektursystem darin besteht, die Bearbeitungsgeschwindigkeiten zu steigern, muß das System auch bei sehr hohen Laserleistungen von mehr als 5 kW einsetzbar sein. Aus diesem Grund kommen als optische Komponenten zur Strahlführung und Strahlformung nur hochreflektierende, wassergekühlte Spiegel in Betracht, da diese gegenüber transmittierenden Optiken eine wesentlich bessere thermische Stabilität aufweisen (/61/). Als aktive Optik zur Strahlablenkung kommt daher ein hochdynamisch verkippbarer Umlenkspiegel zum Einsatz, der im weiteren als *Korrekturspiegeleinheit* bezeichnet wird.

Die Korrekturspiegeleinheit kann an Stelle eines Umlenkspiegels auch mit einem Fokussierspiegel bestückt sein und damit - wie in Bild 3.5 skizziert - zur hochdynamischen Positionierung des Fokus in einem kleinen Stellbereich eingesetzt werden. Der Strahl muß dabei der optischen Achse des Fokussierspiegels durch das Strahllagekorrektursystem nachführt werden, da sonst Astigmatismus und eine damit verbundene Defokussierung auftritt.

Für die Ausführung autonomer Positionierbewegungen zur gezielten Ablenkung des Laserstrahls müssen die Korrekturspiegeleinheiten interne Lagemeßsysteme für die Spiegelposition enthalten. Damit läßt sich außerdem die Zahl der erforderlichen Strahllagesensoren im Strahlengang verringern, da die Lage eines an einem Korrekturspiegel reflektierten Strahls mit Hilfe des Reflexionsgesetzes aus der Spiegelposition und der Lage des auf den Spiegel einfallenden Strahls bestimmt werden kann.

Wie bereits in Abschnitt 3.4 dargelegt wurde, benötigt die Korrekturspiegeleinheit zwei Freiheitsgrade zur Ablenkung des Strahls. Diese beiden Freiheitsgrade zur Änderung der Strahlrichtung lassen sich, wie Bild 4.2 zeigt, entweder mit einer Anordnung aus zwei hintereinandergeschalteten Spiegeln erzeugen, die jeweils um eine Achse verkippbar sind, oder mit nur einem Spiegel, der um zwei rechtwinklig zueinander angeordnete Achsen gekippt wird. Kippspiegel mit nur einer Rotationsachse, wie sie z. B. für Scan-Einrichtungen in optischen Sensorsystemen und bei Laserbeschriftungssystemen eingesetzt werden, besitzen den Vorteil eines relativ einfachen konstruktiven Aufbaus. Dagegen baut ein zweiachsiger Kippspiegel wesentlich kompakter als eine Anordnung aus zwei einachsigen Kippspiegeln und verursacht nur halb so große Absorptionsverluste und weniger Beugungseffekte. Außerdem läßt sich ein zweiachsiger Kippspiegel besser nachträglich in ein bereits bestehendes Strahlführungssystem integrieren, da dieser einfach als Ersatz für einen herkömmlichen Umlenkspiegel eingebaut werden kann. Aus diesen Gründen werden die Korrekturspiegeleinheiten mit einem in zwei Achsen positionierbaren Umlenkspiegel ausgeführt.

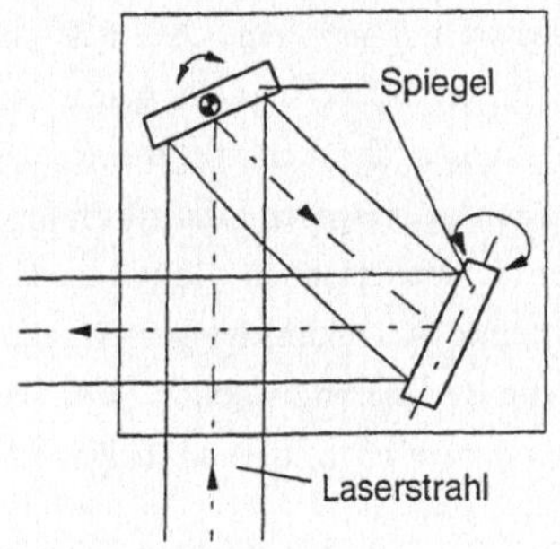

a) Korrekturspiegeleinheit mit zwei
einachsig angetriebenen Spiegeln

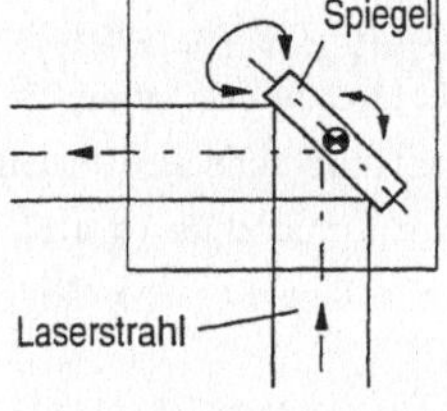

b) Korrekturspiegeleinheit mit einem
zweiachsig angetriebenen Spiegel

Bild 4.2: Aufbau von Korrekturspiegeleinheiten mit einem und mit zwei Umlenkspiegeln

Die Aufgabe des Strahllagesensorsystems besteht sowohl in der Messung der Strahllage an der Fokussieroptik als auch in der Erfassung von elastischen Verformungen des mechanischen Aufbaus. Bei Laserbearbeitungsmaschinen treten im allgemeinen sowohl Biege- als auch Torsionsverformungen in den tragenden mechanischen Elementen auf. Elastische Längenänderungen sind dagegen in der Regel vernachlässigbar. Biegeverformungen wirken sich in einer Veränderung der Strahlposition und der Strahlrichtung relativ zu dem verformten Element aus und können daher mit der gleichen Sensoreinrichtung erfaßt werden, die zur Messung der Strahllage erforderlich ist. Dagegen ist für die Messung von Torsionsverformungen eine zusätzliche Sensoreinrichtung erforderlich, die mit dem Strahllagesensorsystem zu kombinieren ist.

Aufgrund der komplexen Zusammenhänge zwischen den gemessenen Sensorsignalen und den Stellwinkeln der Korrekturspiegel kommt als Regeleinrichtung für das Strahllagekorrektursystem nur ein digitales Rechnersystem in Betracht, das ein konfigurierbares Ein-/Ausgabe Interface besitzt. Das Strahllagekorrektursystem benötigt – wie in Abschnitt 4.1 aufgezeigt wurde – für die Ausführung seiner Funktionen Informationen über die aktuellen Soll- und Istpositionen der Maschinenachsen sowie Sollwerte für die Fokusposition beim Betrieb als hochdynamische Zusatzachsen. Zur zyklischen Übergabe dieser Informationen von der Bahnsteuerung der Laserbearbeitungsmaschine an die Strahllageregeleinrichtung ist eine geeignete Kommunikationsschnittstelle erforderlich, die im Interpolationstakt der Steuerung arbeitet und durch eine hohe Übertragungsrate möglichst kurze Signalverzögerungszeiten gewährleistet. Damit eine Ausrüstung von bereits existierenden Maschinen mit einem Strahllagekorrektursystem möglich ist, muß hierfür eine standardisierte Schnittstelle verwendet werden, die auch von marktgängigen Steuerungen unterstützt wird, selbst wenn die Übertragungsgeschwindigkeiten dieser Schnittstellen die Grenze des technisch Möglichen bei weitem noch nicht ausschöpfen werden. Die Schaffung schneller serieller Bussysteme, die zukünftig bei Steuerungen von Laserbearbeitungsmaschinen vorteilhafter für die Realisierung solcher Schnittstellen eingesetzt werden sollen, ist daher Gegenstand von derzeit noch laufenden Forschungsarbeiten (/62/).

Der Einsatz eines Strahllagekorrektursystems ist betriebswirtschaftlich gesehen nur dann sinnvoll, wenn dessen Kosten durch gleichzeitige Kosteneinsparungen wieder amortisiert werden können. Kosteneinsparungen werden beim Einsatz eines Strahllagekorrektursystems z. B. dadurch erzielt, daß bei vorgegebener Bearbeitungsgenauigkeit höhere Bearbeitungsgeschwindigkeiten ermöglicht werden und daß durch die höhere absolute Bahngenauigkeit relativ große Maschinenbelegzeiten für die teach-in-Programmierung wegfallen können. Um die Wirtschaftlichkeit zu gewährleisten, sind bei der Konzeption des Strahllagekorrektursystems und bei der Auswahl von Bausteinen für seine verschiedenen Teilfunktionen die Realisierungskosten als ein wichtiges Bewertungskriterium zu betrachten.

4.2.2 Anforderungen an die Eigenschaften des Gesamtsystems

Aus den in <u>Bild 4.1</u> zusammengefaßten Funktionen ergeben sich unterschiedliche Anforderungen an das dynamische Verhalten und den Stellbereich des Strahllagekorrektursystems.

Bei der Regelung der Strahllage an der Fokussieroptik müssen Strahlübertragungsfehler korrigiert werden, deren Ursachen in Abschnitt 3.1 beschrieben wurden. Die dabei zu korrigierenden Strahllageschwankungen an der Fokussieroptik betragen nach eigenen Erfahrungen einige Millimeter in der Position und einige Millirad in der Richtung. Da ein Teil der Strahlübertragungsfehler von dynamisch veränderlichen, elastischen Verformungen des mechanischen Aufbaus herrührt, muß der Strahllageregelkreis eine möglichst hohe Bandbreite aufweisen, um die dynamischen Regelabweichungen gering zu halten. Bei einer angestrebten Bearbeitungsgenauigkeit von $\pm\,0{,}1$ mm sollte der aufgrund der Regelabweichung verbleibende Fokuslagefehler nicht größer sein als $\pm\,0{,}01$ mm, d. h. der Strahlrichtungsfehler an einer Fokussieroptik darf bei einer Brennweite von 125 mm nicht größer sein als $\pm\,80$ µrad.

Beim Einsatz des Strahllagekorrektursystems zur Korrektur von Bahnabweichungen (vgl. <u>Bild 3.1</u>) ist zur Positionierung des Fokus ein Stellbereich erforderlich, der etwas größer ist als die maximal auftretenden Bahnabweichungen. Legt man für die Dimensionierung des Stellbereichs die Bahnabweichungen der in /46/ untersuchten Industrieroboter zu Grunde, so ergibt sich ein erforderlicher Stellbereich von ca. $\pm\,2$ mm. Dieser Stellbereich ist außerdem ausreichend für die Verwendung des Strahllagekorrektursystems in der Funktion von hochdynamischen Zusatzachsen zum Schneiden kleiner Bohrungen bis 4 mm Durchmesser und zur Ausführung von überlagerten Längs- und Querpendelbewegungen beim Laserschweißen.

Die elastischen Verformungen des mechanischen Aufbaus der Laserbearbeitungsmaschine müssen mit hoher Genauigkeit ermittelt werden können, um die angestrebte absolute Bahngenauigkeit von $\pm\,0{,}1$ mm zu erreichen. In der Regel ist die Anzahl der relevanten elastischen Verformungsfreiheitsgrade einer Laserbearbeitungsmaschine kleiner als fünf. Die einzelnen Verformungen der verschiedenen tragenden Elemente sind dabei separat und in ihrer Auswirkung auf die Fokusposition mit einer Genauigkeit von mindestens $\pm\,0{,}02$ mm zu erfassen.

Aus den dargelegten Anforderungen an das gesamte Strahllagekorrektursystem werden im folgenden qualitative und quantitative Anforderungen an die einzelnen Teilkomponenten abgeleitet.

4.2.3 Anforderungen an die Teilkomponenten des Strahllagekorrektursystems

4.2.3.1 Korrekturspiegeleinheit

Die Anforderungen an die Dynamik der Korrekturspiegeleinheiten bei der Verwendung als Korrekturglieder in einem Strahllageregelkreis wurde auf simulative Weise untersucht. Dabei wurde der einfach aufgebaute Strahllageregelkreis betrachtet, desssen Blockschaltbild in Bild 4.3 dargestellt ist. Zur Vereinfachung wurde hier ein zeitkontinuierlicher Strahllageregler ohne Verzögerungen und Totzeiten angenommen. Die erreichbare Bandbreite des Strahllageregelkreises entspricht damit der Lageregelungsbandbreite des Spiegelantriebs. Da die Strahllage und die Spiegelstellung zueinander proportional sind, muß die Übertragungsfunktion des Strahllagereglers ein integrales Verhalten aufweisen, damit im stationären Zustand keine Regelabweichungen verbleiben. Um ein optimales Einschwingverhalten des Strahllageregelkreises zu erhalten, wurden die Parameter des PI-Reglers in Abhängigkeit von der Lageregelungsbandbreite des Spiegelantriebs jeweils so gewählt, daß alle Pole des Strahllageregelkreises eine relative Dämpfung von mindestens 0,7 aufwiesen (/63/). Der Strahlweg, der ebenfalls mit in die Kreisverstärkung eingeht, wurde dabei als eine beliebige feste Größe angenommen.

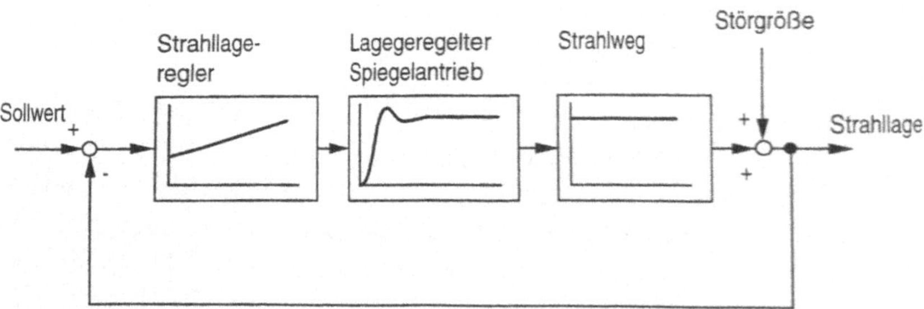

Bild 4.3: Blockschaltbild eines einfachen Strahllageregelkreises

Zur Simulation des Störverhaltens des Strahllageregelkreises wurde diesem bei konstantem Sollwert eine sinusförmige Störung der Strahllage aufgeschaltet, wie sie in der Realität bei mechanischen Eigenschwingungen des Strahlführungssystems auftritt. Durch die begrenzte Bandbreite des Strahllageregelkreises wird die Störung nicht vollständig ausgeregelt, sondern es verbleibt eine dynamische Regelabweichung. Der bei dieser Untersuchung ermittelte Einfluß der Bandbreite des lagegeregelten Spiegelantriebs auf die Größe der dynamischen Regelabweichung ist in <u>Bild 4.4</u> in Abhängigkeit von der Frequenz der sinusförmigen Störung der Strahllage dargestellt.

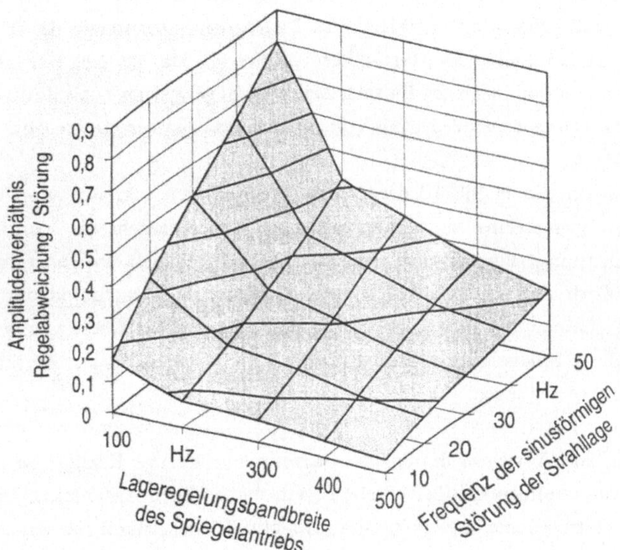

<u>Bild 4.4</u>: Relative dynamische Regelabweichung als Funktion der Lageregelungsbandbreite des Spiegelantriebs und der Frequenz einer sinusförmigen Störung der Strahllage

<u>Bild 4.4</u> zeigt, daß zur Reduzierung der dynamischen Regelabweichung auf ein Fünftel der Störungsamplitude eine Lageregelungsbandbreite der Korrekturspiegelantriebe erforderlich ist, die etwa dem zehnfachen der Frequenz der Störung entspricht. Die dynamische Regelabweichung des Strahllageregelkreises verhält sich in dem in <u>Bild 4.4</u> dargestellten Bereich annähernd proportional zur Frequenz der Störung und ungefähr umgekehrt proportional zur Lageregelungsbandbreite des Spiegelantriebs. Die größten Verbesserungen des dynamischen Verhaltens im Vergleich zu einem ungeregelten Strahlführungssystem werden somit bei mechanischen Eigenfrequenzen erreicht, die sehr klein im Verhältnis zur Lageregelungsbandbreite der Korrekturspiegelantriebe sind.

Da sich die Amplituden von mechanischen Eigenschwingungen bei einer vorgegebenen Anregung - z. B. durch eine Beschleunigungskraft - umgekehrt proportional zum Quadrat der mechanischen Eigenfrequenz verhalten, liegen die mechanischen Eigenfrequenzen von Strahlführungssystemen, die in der Praxis noch zu relevanten Fehleramplituden führen, im Bereich unterhalb von 50 Hz. Die Lageregelungsbandbreite der Korrekturspiegelantriebe sollte daher nach Möglichkeit größer als 500 Hz sein. Nur in diesem Frequenzbereich werden durch den Einsatz der Strahllageregelung noch deutliche Verbesserungen des dynamischen Verhaltens von Strahlführungssystemen erreicht.

Bei der Simulation des in <u>Bild 4.3</u> dargestellten Strahllageregelkreises wurde für das Führungs-Übertragungsverhalten des lagegeregelten Spiegelantriebs ein Verzögerungsglied zweiter Ordnung zugrundegelegt. Besitzt der Spiegelantrieb ein Übertragungsverhalten höherer Ordnung, so verschlechtert sich das Störverhalten aufgrund der größeren Phasendrehung. Daher ist eine möglichst niedrige Ordnung der Übertragungsfunktion des lagegeregelten Spiegelantriebs anzustreben, d. h. möglichst kleine Zeitkonstanten aller seiner Regelkreisglieder.

Eine weitere für die Auslegung des Spiegelantriebs sehr wichtige Kenngröße ist der erforderliche Winkelstellbereich. Hier ergeben sich die höchsten Anforderungen bei der Verwendung von positionierbaren Fokussierspiegeln als hochdynamische Zusatzachsen. Bei einer für das Laserschneiden typischen Brennweite von 125 mm wird eine Verkippung des Fokussierspiegels um $\pm 1°$ benötigt, um die geforderte Fokusverschiebung von ± 2 mm in der Brennebene zu bewirken. Zur Erzeugung zeitlich gemittelter Intensitätsprofile für die Oberflächenbehandlung sind meist größere Flächen abzuscannen. Da bei der Oberflächenbehandlung jedoch auch geringere Anforderungen an die Leistungsdichte im Fokus gestellt werden, können zur Vergrößerung des Scanbereichs längere Brennweiten eingesetzt werden, so daß ein Stellbereich der Spiegelkippwinkel von $\pm 1°$ auch hierfür ausreichend ist.

Da der Strahlverlauf nach der Reflexion an einem Korrekturspiegel aus dessen Kippwinkeln ermittelt wird, müssen die Kippwinkel mit möglichst hoher Genauigkeit und Auflösung gemessen werden. Als quantifizierte Anforderung an das Meßsystem wird eine Auflösung und Reproduzierbarkeit des Kippwinkels < 2 µrad angestrebt. Diese Winkelauflösung entspricht bei der Berechnung der Position des am Spiegel reflektierten Strahls in 1 m Entfernung vom Spiegel einer Positionsunsicherheit von 4 µm und geht bei der

Ermittlung der Biegeverformungen eines tragenden mechanischen Elements proportional zur Meßlänge als Fehler ein.

Die räumlichen Verhältnisse für den Einbau von Korrekturspiegeln an Laserbearbeitungsmaschinen sind - insbesondere im Bereich des Bearbeitungskopfs - mitunter sehr beengt. Die gesamte Korrekturspiegeleinheit ist daher so kompakt und massearm wie möglich zu gestalten. Trotzdem sollen aber außer der Spiegellagerung, dem Lagemeßsystem und den Aktoren alle für einen lagegeregelten Betrieb der Korrekturspiegeleinheit erforderlichen Systemelemente - die Auswerteelektronik des Meßsystems, die Lageregeleinrichtung und die Stelleinrichtung für die Aktoren - mit in die Korrekturspiegeleinheit integriert werden. Die Korrekturspiegeleinheiten bilden hierdurch ein abgeschlossenes autonom einstetzbares Modul, das ohne großen Verkabelungsaufwand in eine Bearbeitungsmaschine integriert werden kann.

Die Anforderungen an die zu konzipierenden Korrekturspiegeleinheiten sind in Tabelle 4.1 als Übersicht zusammengefaßt.

Korrekturspiegeleinheit	
Anforderungen	Quantifizierung
Zweiachsig verkippbarer Umlenkspiegel	
Eignung für hohe Laserleistungen	> 5 kW
Große Lageregelungsbandbreite	> 500 Hz
Ausreichender Stellbereich für die Verwendung als Zusatzachsen	± 1°
Hohe Meßauflösung der Spiegelkippwinkel	< 2 μrad
Möglichst kompakte Abmessungen und geringe Masse der gesamten Korrekturspiegeleinheit	
Autonom betreibbares Modul durch Integration aller notwendigen Teilsysteme	

Tabelle 4.1: Anforderungen an die Korrekturspiegeleinheiten

4.2.3.2 Strahllagesensorsystem

Das Strahllagesensorsystem dient sowohl zur Messung der Strahlrichtung und der Strahlposition für die Regelung der Strahllage als auch zur Erfassung von elastischen Verformungen. Für die Ermittlung der elastischen Verformungen der einzelnen tragenden Elemente der Laserbearbeitungsmaschine wird dabei eine Auflösung und Genauigkeit von < ± 0,02 mm bezüglich deren Auswirkungen auf die absolute Fokuslage gefordert. Da bei der Bestimmung der Biegeverformungen eines Trägers die Strahllage am Anfang und am Ende des Trägers gemessen wird, geht der Meßfehler des Strahllagesensorsystems in doppelter Größe in den Fehler der ermittelten Durchbiegung ein. Angestrebt wird daher eine Auflösung und Reproduzierbarkeit von weniger als 2 µrad für die Strahlrichtung und weniger als 2 µm für die Strahlposition. Damit läßt sich z. B. die Durchbiegung eines einseitig eingespannten, 1 m langen Trägers mit einer Genauigkeit von 4 µm ermitteln. Bei längeren Trägern nimmt der Fehler der ermittelten Durchbiegung proportional zur Länge des Trägers zu.

Die Ermittlung von Torsionsverformungen erfordert neben der Einrichtung zur Messung der Strahlposition und der Strahlrichtung eine zusätzliche Einrichtung zur Messung einer Strahlausprägung, die senkrecht zur Ausbreitungsrichtung des Strahls verläuft. Beispiele für solche Strahlausprägungen sind unter anderem ellipsen- oder linienförmige Intensitätsverteilungen und die elliptische oder lineare Polarisation des Strahls. Die Torsionsmeßeinrichtung ist so zu gestalten, daß sie ohne gegenseitige Beeinflussung der Funktion mit der Strahllagesensoreinrichtung kombiniert werden kann. Angestrebt wird dabei eine Auflösung und Reproduzierbarkeit des Torsionswinkels < 10 µrad. Eine torsionsbedingte Verlagerung von 0,02 mm entspricht beispielsweise bei einem Abstand von 1 m von der Torsionsachse einem Torsionswinkel von 20 µrad.

Die höchsten Anforderungen an den Meßbereich des Strahllagesensorsystems ergeben sich beim Einsatz eines positionierbaren Fokussierspiegels zur hochdynamischen Korrektur der lateralen Fokusposition. Hierbei muß, wie in Bild 3.5 skizziert, eine Nachführung des Strahls zur optischen Achse des gekippten Fokussierspiegels erfolgen, um eine Defokussierung zu vermeiden. Da das Strahllagesensorsystem, das dabei zur Regelung der Strahllage benötigt wird, wie Bild 3.6 zeigt, unmittelbar vor der Fokussieroptik angeordnet ist, muß der Meßbereich des Strahllagesensorsystems mindestens so groß sein, wie der Stellbereich für den Fokussierspiegel, der in Abschnitt 4.2.3.1 mit ± 1° festgelegt wurde.

In Abschnitt 4.2.3.1 wurden die Anforderungen an die Dynamik der Korrekturspiegel-antriebe aus einer simulativen Untersuchung des Störverhaltens eines beispielhaften Strahllageregelkreises abgeleitet. Bei dieser Simulation wurden die Verzögerungszeiten der Strahllagesensorik und der Regeleinrichtung vernachlässigt. In einem realen Strahl-lageregelkreis sind die Zeitkonstanten der Strahllagesensoreinrichtung jedoch nur dann vernachlässigbar, wenn sie mindestens eine Größenordnung kleiner sind, als die Zeit-konstanten der Spiegelantriebe. Anders formuliert bedeutet dieses, daß die Signalband-breite des Strahllagemeßsystems mehr als zehnmal so groß sein muß, wie die Lage-regelungsbandbreite der Spiegelantriebe. Bei einer angestrebten Lageregelungsbandbrei-te der Spiegelantriebe von größer als 500 Hz ergibt sich damit die Forderung nach einer Signalbandbreite des Strahllagesensorsystems von mindestens 5 kHz.

Das Strahllagesensorsystem einschließlich Torsionsmeßeinrichtung muß ebenfalls für Strahlleistungen von mehr als 5 kW geeignet sein. Unterschiedlich hohe Laserleistungen dürfen sich dabei nicht auf die Messgenauigkeit des Strahllagesensorsystems auswirken. Um aufwendige Kalibrierungsarbeiten bei der Inbetriebnahme des Strahllagesensor-systems und bei regelmäßigen Wartungszyklen zu vermeiden, sollen die eingesetzten Meßprinzipen möglichst unabhängig von der Intensitätsverteilung des Leistungslaser-strahls sein.

Bezüglich der geometrischen Abmessungen des Strahllagesensorsystems gelten die glei-chen Anforderungen wie bei den Korrekturspiegeleinheiten, da das Strahllagesensor-system unmittelbar in der Nähe der Fokussieroptik im Bearbeitungskopf untergebracht werden muß. Zur Reduzierung des Verkabelungsaufwands und zur Erhöhung der Stör-sicherheit bei der Signalübertragung ist es sinnvoll, elektronische Schaltungen zur Vor-verarbeitung der Sensorsignale und die Strahllagesensoren als eine gemeinsame modula-re Einheit zu gestalten.

Tabelle 4.2 enthält eine Zusammenfassung der Anforderungen an das Strahllagesensor-system.

Strahllagesensorsystem	
Anforderungen	Quantifizierung
Erfassung von Strahlrichtung und Strahlposition	
Integrationsmöglichkeit für Zusatzeinrichtung zur Messung von Torsionsverformungen	
Hohe Auflösung und Reproduzierbarkeit: Strahlposition:	$< 2\ \mu\text{m}$
Strahlrichtung:	$< 2\ \mu\text{rad}$
Torsion:	$< 10\ \mu\text{rad}$
Meßbereich für die Strahlrichtung	$> \pm\ 1°$
Eignung für hohe Strahlleistungen	$> 5\ \text{kW}$
Hohe Signalbandbreite	$> 5\ \text{kHz}$
Unabhängigkeit des Meßprinzips von der Strahlleistung, der Modenordnung und der Intensitätsverteilung des Leistungslaserstrahls	
Kompakter Aufbau des gesamten Strahllagekorrektursystems als modulare Einheit mit intergrierter Elektronik zur Vorverarbeitung der Meßsignale	

Tabelle 4.2:   Anforderungen an das Strahllagesensorsystem

4.2.3.3 Regeleinrichtung zur Strahllagekorrektur

Bei der in Abschnitt 4.2.1 beschriebenen Simulation eines Strahllageregelkreises wurde die Rechentotzeit der Strahllage-Regeleinrichtung und der Einfluß der Abtastfrequenz der zeitdiskreten Signalverarbeitung vernachlässigt, um die Abhängigkeit des Störverhaltens des Strahllageregelkreises von der Lageregelungsbandbreite der Spiegelantriebe besser zu verdeutlichen. In der Realität spielen jedoch die Rechentotzeit und die Abtastzeit der digitalen Regeleinrichtung ebenfalls eine entscheidende Rolle für das dynamische Verhalten des Strahllageregelkreises. Die Bilder 4.5 und 4.6 zeigen das Ergebnis der Simulation des Strahllageregelkreises nach <u>Bild 4.3</u> mit verschiedenen Abtastzeiten und Rechentotzeiten bei einer Lageregelungsbandbreite des Spiegelantriebs von 500 Hz. Die Parameter des PI-Strahllagereglers wurden in Abhängigkeit der jeweiligen Rechentotzeit und Abtastzeit ebenfalls wieder so gewählt, daß alle Pole des Strahllageregelkreises eine relative Dämpfung von mindestens 0,7 aufweisen.

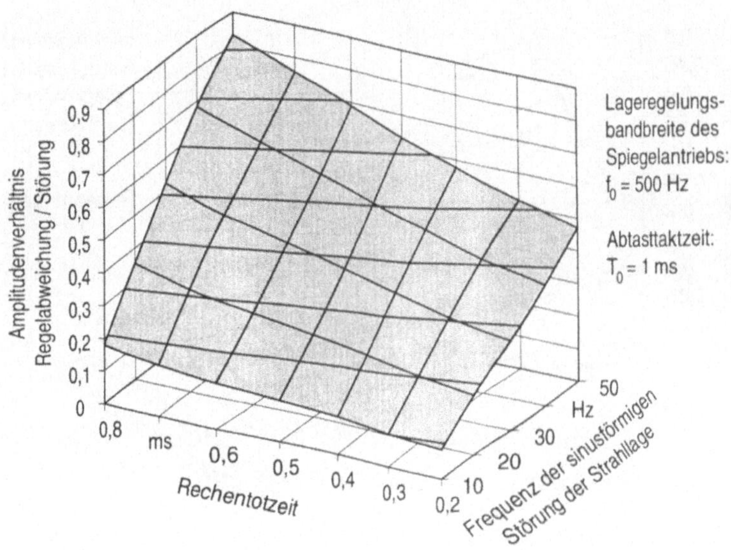

<u>Bild 4.5:</u> Einfluß der Rechentotzeit auf das Störverhalten des Strahllageregelkreises

Die erreichbare Bandbreite des Strahllageregelkreises hängt im wesentlichen von der Rechentotzeit der Strahllage-Regeleinrichtung ab. Bereits bei einer Rechentotzeit von 0,2 ms liegt die Bandbreite des Strahllageregelkreises nur noch bei etwa 200 Hz und das bei einer Bandbreite des lagegeregelten Spiegelantriebs von 500 Hz. Wie aus einem Vergleich von <u>Bild 4.4</u> mit <u>Bild 4.5</u> ersichtlich ist, bewirkt eine Rechentotzeit von 0,2 ms demzufolge auch eine Verschlechterung des Störverhaltens um etwa den Faktor 2. Dies zeigt, daß die Rechentotzeit der Strahllageregeleinrichtung so gering wie möglich gehalten werden muß. Infolge der zahlreichen zu verarbeitenden Sensorsignale und der umfangreichen und komplexen Rechenalgorithmen, die zur Berechnung der Stellwinkel an den Korrekturspiegeln erforderlich sind, werden daher sowohl an die Rechengeschwindigkeit des Prozessors der digitalen Strahllage-Regeleinrichtung als auch an die Zugriffszeit des Arbeitsspeichers und die Geschwindigkeit der Ein-Ausgabe-Module höchste Anforderungen gestellt.

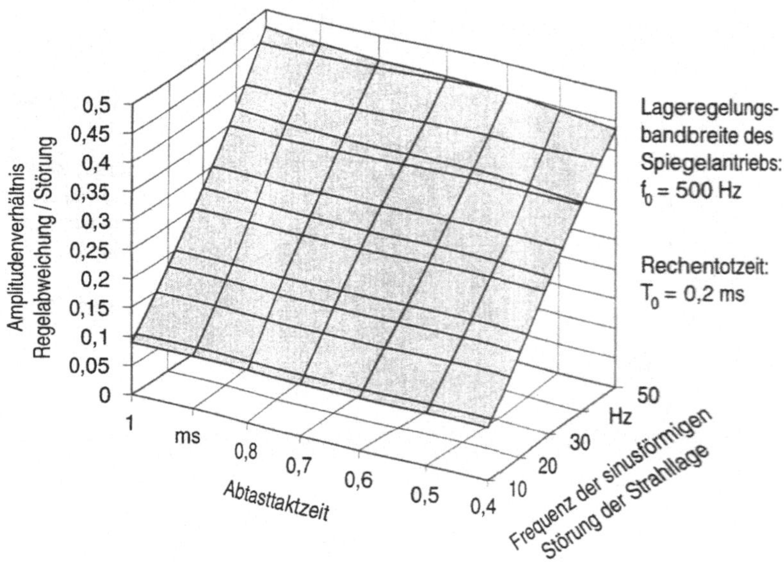

<u>Bild 4.6:</u>   Einfluß der Abtastzeit auf das Störverhalten des Strahllageregelkreises

<u>Bild 4.6</u> zeigt, daß der Einfluß der Abtastzeit auf das Störverhalten des Strahllageregelkreises in dem untersuchten Bereich bis 50 Hz nur relativ gering ist. Eine Verringerung der Abtastzeit bewirkt hauptsächlich eine Erhöhung der Dämpfung des Strahllageregelkreises, jedoch keine wesentliche Erhöhung der Regelungsbandbreite. Nach dem Abtasttheorem von Shannon (/64/), muß bei der Umsetzung eines bandbegrenzten, zeitkontinuierlichen Signals in ein zeitdiskretes Signal die Abtastfrequenz mindestens doppelt so groß sein, wie die Frequenzbandbreite des zeitkontinuierlichen Signals. Setzt man voraus, daß im vorliegenden Fall die zeitkontinuierlichen Signale durch die Tiefpaßeigenschaft der Lageregelkreise der Spiegelantriebe bandbegrenzt sind, dann läßt sich das Abtasttheorem erfüllen, wenn die Abtastfrequenz mindestens doppelt so groß ist, wie die Lageregelungsbandbreite der Spiegelantriebe. Bei einer Lageregelungsbandbreite von 500 Hz entspricht das einer Abtastfrequenz von mindestens 1 kHz bzw. einer Abtastzeit von 1 ms. Die Grenze für die minimal erzielbare Abtastzeit liegt dabei ca. 200 µs ober-

halb der Rechentotzeit, da neben dem zyklisch abzuarbeitenden zeitkritischen Regel-
algorithmus auch noch Rechenzeit für azyklische, zeitunkritsche Bedienfunktionen zur
Verfügung stehen muß. Fordert man im Interesse einer hohen Regelungsbandbreite eine
Rechentotzeit von weniger als 200 µs, so läßt sich automatisch die Anforderung an die
Abtastzeit ebenfalls einhalten.

Eine Zusammenfassung der Anforderungen an die Regeleinrichtung des Strahllagekorrektursystems enthält Tabelle 4.3.

Regeleinrichtung zur Strahllagekorrektur	
Anforderungen	Quantifizierung
Digitales Rechnersystem mit konfigurierbarem Ein-/Ausgabe-Interface	
Schnittstelle mit hoher Datenübertragungsrate zur Kommunikation mit der Bahnsteuerung der Führungsmaschine	
Geringe Rechentotzeit	$< 200\ \mu s$
- hohe Rechenleistung des Prozessors	
- Kurze Zugriffszeit des Arbeitsspeichers	$> 1\ kHz$
- Hohe Durchsatzrate des Ein- / Ausgabe-Interface	
Hohe Abtastfrequenz	

Tabelle 4.3: Anforderungen an die Regeleinrichtung zur Strahllagekorrektur

Nachdem die Anforderungen an den Aufbau eines Strahllagekorrektursystems für CO_2-
Laserbearbeitungsmaschinen und die daraus resultierenden Anforderungen an die Eigenschaften der verschiedenen Teilkomponenten aufgezeigt wurden, wird in den folgenden
Abschnitten das Konzept eines realisierten und experimentell untersuchten Strahllagekorrektursystems vorgestellt.

5 Konzeption und Realisierung hochdynamischer Korrekturspiegeleinheiten

5.1 Konzeption des konstruktiven Aufbaus der Korrekturspiegeleinheit

Aus den in Abschnitt 4 zusammengestellten Anforderungen ergeben sich für die Korrekturspiegeleinheit folgende Teilsysteme:

- Umlenkspiegel in Leichtbauweise,
- Gelenkige Lagerung des Umlenkspiegels,
- Aktuator mit zugehöriger Stelleinrichtung,
- Meßsystem zur Erfassung der Spiegelkippwinkel.

Das Erreichen der geforderten hohen Dynamik der Korrekturspiegeleinheiten setzt voraus, daß der zu positionierende Kippspiegel ein möglichst geringes Massenträgheitsmoment und eine geringe Masse besitzt. Herkömmliche Laserspiegel aus Kupfer, die als Standard-Elemente erhältlich sind, besitzen aufgrund ihres massiven Aufbaus eine relativ große Masse und eignen sich daher nicht für den Einsatz als hochdynamisch positionierbare Kippspiegel. Geeignete Laserspiegel in Leichtbauweise sind Inhalt anderer, zeitlich parallel laufender Forschungsarbeiten (/65/) und werden bei den nachfolgenden Betrachtungen als vorhanden vorausgesetzt.

Die konstruktionssystematischen Untersuchungen zur Konzeption der hochdynamischen Korrekturspiegeleinheiten reduzieren sich somit auf die Betrachtung und Bewertung der in Bild 5.1 dargestellten Lösungsprinzipien der Teilkomponenten Aktuator, Lagerung und Meßsystem. Aufgrund der in Abschnitt 4 definierten Anforderungen an die Korrekturspiegeleinheiten wurde bei den Lösungsprinzipien in Bild 5.1 bereits eine Vorauswahl getroffen. So wurden z. B. wegen der Anforderungen an die Dynamik nur Direktantriebsprinzipien auf der Basis elektrischer Energiewandler in die engere Wahl gezogen, da überschlägige Berechnungen zu elektromechanischen und fluidischen Antriebslösungen zeigten, daß die geforderte Lageregelungsbandbreite von 500 Hz mit solchen Antriebslösungen nicht erreichbar ist. Dieses wird auch durch die analytische Untersuchung verschiedener hochdynamischer Antriebsprinzipien für die Unrundbearbeitung auf Drehmaschinen in /66/ bestätigt. Die Einschränkungen der Lösungsvielfalt bei der Vorauswahl von Lösungsprinzipien zur Messung der Spiegelposition ergaben sich vor allem aufgrund der Beweglichkeit des Spiegels in zwei orthogonalen Achsen und aus den Anforderungen an die Kompaktheit des Meßsystems.

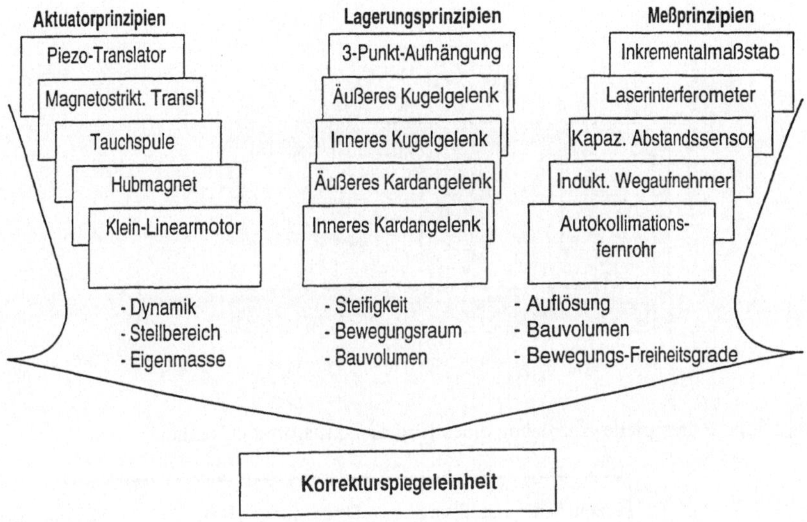

<u>Bild 5.1:</u> Prinzipielle Lösungsmöglichkeiten für die Teilkomponenten einer hochdynamischen Korrekturspiegeleinheit

5.1.1 Aktuatoren zur hochdynamischen Spiegel-Positionierung

5.1.1.1 Eigenschaften verschiedener Aktuatorprinzipien

Da der Kippspiegel in einem relativ kleinen Winkelbereich von nur $\pm$ 1° positioniert werden muß, ist es bezüglich benötigtem Bauraum und erreichbarem Beschleunigungsvermögen vorteilhaft, als Spiegelantriebe, wie in <u>Bild 5.2</u> dargestellt, kompakt bauende Linear-Aktuatoren zu verwenden, die in einem Abstand von der gelenkigen Lagerung am Spiegel angreifen. Aus Gründen der einfacheren Darstellung zeigt <u>Bild 5.2</u> die prinzipielle Anordnung eines Linear-Aktuators am Spiegel nur für einen Freiheitsgrad. Da die zu konzipierende Korrekturspiegeleinheit zwei Freiheitsgrade benötigt, muß sie aus zwei rechtwinklig zueinander liegenden Anordnungen dieser Art aufgebaut sein.

Die qualitativen Eigenschaften der Aktuatorprinzipien, die für einen Einsatz in einer solchen Anordnung in Frage kommenden, sind zur Übersicht in <u>Tabelle 5.1</u> zusammengestellt.

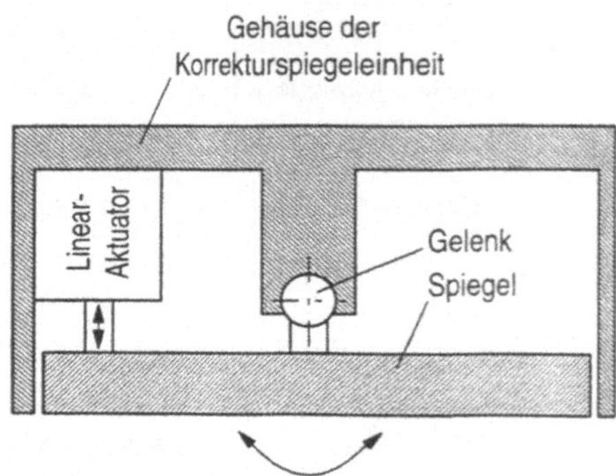

<u>Bild 5.2</u>:   Prinzipielle Anordnung eines Linear-Aktuators am Spiegel

	erzeugbare Kraft	Stellweg	Dynamik	Bau-volumen	Eigenmasse bewegt / stationär
Piezo-Translator	sehr groß	sehr klein	sehr hoch	mittel	klein / klein
Magnetostriktiver Translator	sehr groß	sehr klein	sehr hoch	mittel	klein / mittel
Tauchspule	mittel	klein bis mittel	sehr hoch	groß	klein / groß
Hubmagnet	groß	klein	mittel bis hoch	klein bis mittel	mittel / mittel
Klein-Linearmotor	klein bis mittel	klein bis mittel	hoch	klein bis mittel	klein / mittel

<u>Tabelle 5.1</u>:   Klassifizierung verschiedener Aktuatorprinzipien für die Positionierung des Korrekturspiegels

5.1.1.1.1   Piezo-Translator

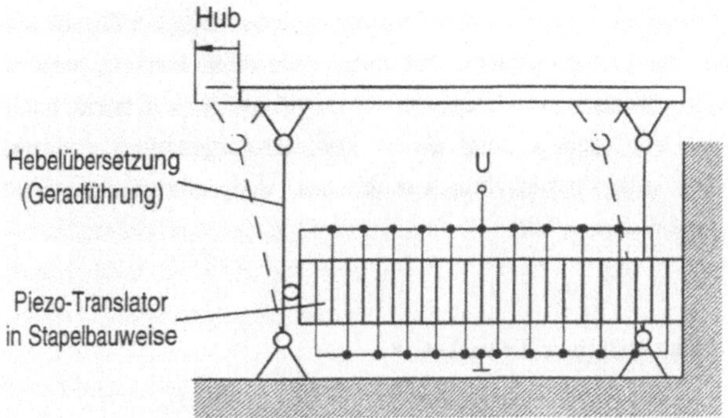

<u>Bild 5.3</u>: Piezo-Translator in Stapelbauweise mit Wegübersetzung

Piezo-Translatoren in Stapelbauweise können abhängig von ihrer Querschnittsfläche sehr hohe Druckkräfte bis zu etlichen kN erzeugen (/67, 68/). Zur Erzeugung bidirektionaler Kräfte muß eine vorgespannte Feder als Gegenkraft verwendet werden. Die Ausdehnung von Piezo-Translatoren ist proportional zur anliegenden Spannung, wobei die Spannungs-Dehnungs-Kennline einen stark nichtlinearen Verlauf und eine ausgeprägte Hysterese aufweist, die sich bei der Lageregelung der Translatoren nachteilig auf die Regelgüte auswirkt und zu einer Einschränkung der Regelungsbandbreite führt (/66/). Desweiteren wirkt sich die Temperaturabhängigkeit des Piezoeffekts und die thermische Längenausdehnung des Festkörperaktuators störend auf die Lageregelung aus. Die erreichbaren Stellwege sind mit typischerweise ca. 0,17% der Stapellänge relativ gering. Zur Erzeugung größerer Stellwege müssen große Stapellängen verwendet werden sowie Wegübersetzungen (<u>Bild 5.3</u>), die eine maximale Vergrößerung des Stellwegs um den Faktor 10 bis 20 erlauben (/69/). Nach /68/ wird die nutzbare Frequenzbandbreite von Piezoantrieben einerseits durch die mechanische Resonanzfrequenz und andererseits durch den von der Stelleinrichtung zur Verfügung gestellten maximalen Ladestrom und die Kapazität des Aktuators begrenzt. Maßnahmen zur Vergrößerung des Stellwegs wirken sich negativ auf die erreichbare Stelldynamik aus, da eine Vergrößerung der Stapellänge gleichzeitig eine Erhöhung der elektrischen Kapazität des Aktuators und eine Verringerung seiner Federsteifigkeit bewirkt. Beim Einsatz von mechanischen Wegübersetzungen wird sowohl die Gesamt-Federsteifigkeit reduziert, als auch die am Aktuator wirksame effektive Masse erhöht. Hierdurch nimmt die mechanische Eigenfrequenz des aus Piezo-Translator und angekoppeltem Spiegelträgheitsmoment bestehenden Antriebssytems sehr stark ab. Aus diesen Gründen wurde bei den Untersuchungen des in /37/ beschriebenen aktiven Strahlführungssystems festgestellt, daß bei einem Winkelstellbereich von 1° die Grenzen für einen sinnvollen Einsatz von kompakten Piezo-Aktuatoren überschritten sind. Bei kleinem Stellbereich (< 1 mrad) und geringer Spiegelmasse lassen sich dagegen mit relativ kompakt aufgebauten piezogetriebenen Kippspiegeleinheiten hohe Frequenzbandbreiten und eine sehr feine Auflösung des Spiegelkippwinkels realisieren (/68/).

5.1.1.1.2   Magnetostriktiver Translator

Magnetostriktive Translatoren besitzen hinsichtlich der erzeugbaren Kräfte, des Stellbereichs und der Stelldynamik annähernd gleiche Eigenschaften wie Piezo-Translatoren (/67, 68, 71/). Der physikalische Effekt der Magnetostriktion beruht auf der Ausdehnung eines Stabes aus einer Seltenerd-Eisenverbindung unter Einwirkung eines Magnetfelds. Als hochmagnetostriktives Material wird dabei meist eine Verbindung mit der Handelsbezeichnung Terfenol verwendet. Analog zu Piezo-Translatoren, bei denen die Ausdehnung der Piezokeramik proportional zur elektrischen Feldstärke ist, ist die Ausdehnung des magnetostriktiven Materials proportional zur magnetischen Feldstärke, wobei die Feldstärke-Dehnungs-Kennline ebenfalls einen nichtlinearen Verlauf und eine ausgeprägte Hysterese aufweist.

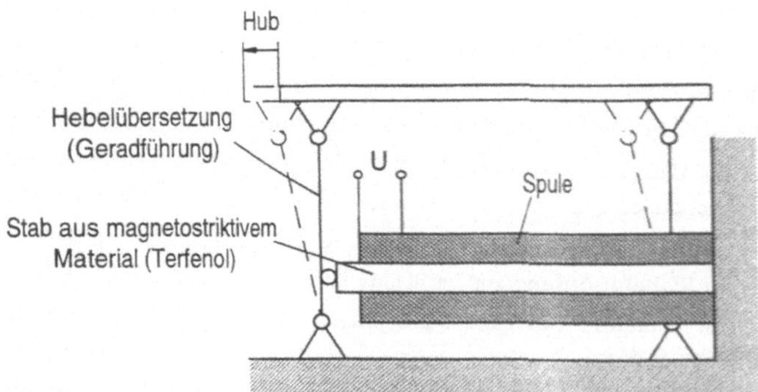

<u>Bild 5.4</u>: Magnetostriktiver Translator mit Wegübersetzung

Zur Erzeugung des Magnetfelds wird eine den Stab umhüllende Spule verwendet (Bild 5.4). Im Gegensatz zu Piezo-Aktuatoren, die für die Stelleinrichtung eine kapazitive Last darstellen und mit einer relativ hohen Spannung angesteuert werden müssen, bilden magnetostriktive Aktuatoren eine induktive Last und können im stationären Betrieb mit verhältnismäßig geringen Spannungen betrieben werden. Die Stelldynamik magnetostriktiver Aktoren wird durch die mechanische Resonanzfrequenz und durch die Stromanstiegsgeschwindigkeit in der Erregerspule begrenzt, die von deren Induktivität und der verfügbaren Ausgangsspannung der Stelleinrichtung abhängt. Die oben gemachten Aussagen über die Abhängigkeiten von Stellbereich und Stelldynamik bei Piezo-Translatoren gelten in analoger Weise für magnetostriktive Translatoren.

5.1.1.1.3 Tauchspulenantrieb

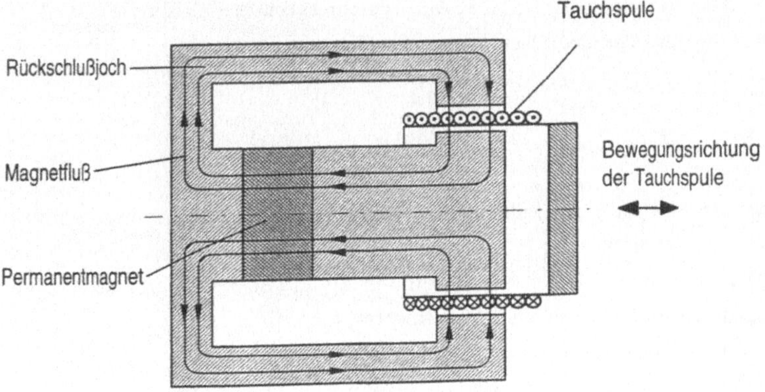

<u>Bild 5.5</u>: Prinzipieller Aufbau eines Tauchspulenantriebs

Tauchspulenantriebe, die nach dem elektrodynamischen Prinzip arbeiten, zeichnen sich durch ein sehr hohes Beschleunigungsvermögen sowie durch einen hochlinearen Zusammenhang zwischen Spulenstrom und Motorkraft aus (/66/) und besitzen damit exzellente regelungstechnische Eigenschaften. Das Prinzip des Tauchspulenantriebs beruht auf der Kraftwirkung zwischen einem Magnetfeld und einem stromdurchflossenen Leiter, wobei die Stromrichtung senkrecht zur Feldrichtung verläuft. Die bidirektionale Steuerung der Motorkraft erfolgt durch die Variation des Spulenstroms, während die magnetische Induktion im Luftspalt konstant ist. Zur Erzeugung des konstanten Magnetfelds werden daher bevorzugt hochenergetische Permanentmagnete aus Samarium-Kobalt oder Neodym-Eisen-Bor eingesetzt. Den prinzipiellen Aufbau eines Tauchspulenantriebs zeigt <u>Bild 5.5</u>.

Die Maximalkräfte, die mit Tauchspulenantrieben erzeugt werden können, liegen in einem mittleren Bereich von einigen hundert Newton. Durch die geringe bewegte Eigenmasse der Tauchspule ergibt sich bei der Ankopplung einer ebenfalls kleinen Fremdträgheitsmasse ein hohes Beschleunigungsvermögen des Antriebs. Bei sehr steifer Ankopplung der Fremdträgheitsmasse wird die erreichbare Stelldynamik des Antriebs nur durch die Stellgrenzen des Leistungsverstärkers und die Eigenschaften der Regeleinrichtung bestimmt. Der Stellbereich von Tauchspulenantrieben reicht je nach Auslegung und Anwendungsfall von einigen Millimetern bis zu einigen Zentimetern. Um eine Verringerung der Luftspaltinduktion durch Streuflüsse oder Sättigung zu vermeiden, muß das flußführende Rückschlußjoch eine verhältnismäßig große Querschnittsfläche aufweisen. Da das Rückschlußjoch aus einem weichmagnetischen Eisenwerkstoff besteht, ergibt sich hieraus eine große Statormasse des Tauchspulenantriebs.

5.1.1.1.4   Hubmagnet

Antriebe auf der Basis von Hubmagneten beruhen auf dem Prinzip der Kraftwirkung zwischen den flußführenden Teilen eines Magnetkreises. Die erzielbaren Kräfte von kompakt aufgebauten Magnetmotoren reichen bis in den Bereich von ca. 1000 N bei Stellwegen im Bereich von einigen Zehntelmillimetern bis einigen Millimetern (/72. 73/). Die Kraft-Hubkennlinie von Hubmagneten weist in der Regel einen stark nichtlinearen Verlauf auf. Durch geignete Gestaltung der Polflächen lassen sich jedoch sogenannte Proportionalmagnete realisieren, bei denen die Stellkraft in einem weiten Bereich näherungsweise unabhängig vom Hub und nur proportional zum Magnetfluß bzw. zum Strom der Erregerspule ist (/73/). Eine andere Möglichkeit zur Kompensation des nachteiligen Einflusses der nichtlinearen Kennlinie des Hubmagneten bei der Lageregelung besteht in der Verwendung einer geeigneten nichtlinearen Regeleinrichtung (/72/). Da Hubmagnete nur unidirektionale Kräfte produzieren, werden zur Erzeugung bidirektionaler Kräfte entweder zwei gegensinnig angeordnete Hubmagnete (<u>Bild 5.6</u>) oder eine Feder zur Gegenhaltung benötigt. Die erreichbare Stelldynamik von Hubmagneten wird durch das Beschleunigungsvermögen und durch die maximale Stromanstiegsgeschwindigkeit in der Erregerspule bestimmt, die wiederum von der Induktivität der Erregerspule und von der verfügbaren Zwischenkreisspannung der Leistungsstelleinrichtung abhängt. Da der bewegliche Anker des Hubmagneten den gesamten Magnetfluß führen muß, sind seine Abmessungen und seine Masse verhältnismäßig groß.

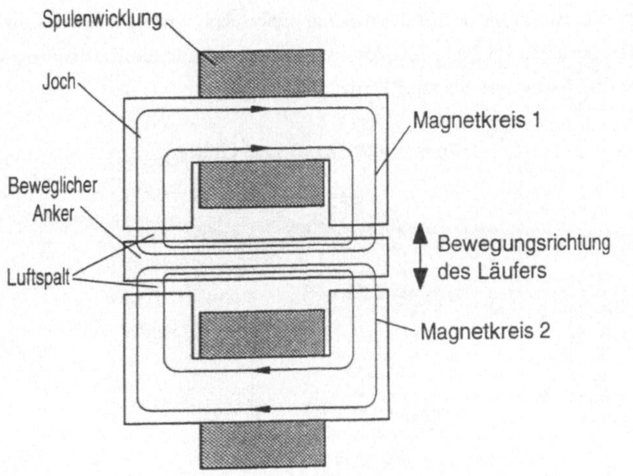

<u>Bild 5.6</u>: Funktionsprinzip des Magnetmotors nach /72/ (Doppelmotoranordnung)

In /72/ wird eine Anwendung beschrieben, bei der Magnetmotoren in Doppelmotoranordnung, die nach dem in <u>Bild 5.6</u> dargestellten Funktionsprinzip aufgebaut sind, zum Antrieb eines Spiegels in einem optischen System eingesetzt werden. Die dabei verwendeten Motoren besitzen ein Volumen von ca. 50 x 50 x 50 mm^3, eine Maximalkraft von 200 N und einen Hub von ± 0,25 mm. Die erreichte Bandbreite des Spiegelantriebs beträgt mehr als 300 Hz bei einer Masse des bewegten Spiegels von 3,5 kg.

5.1.1.1.5   Klein-Linearmotor

Unter dem Begriff Klein-Linearmotor sind nichtkommutierende Gleichstrom-Linearmotoren zu verstehen, die prinzipbedingt nur begrenzte Stellwege besitzen. Solche Klein-Linearmotoren lassen sich in verschiedenen Bauarten realisieren /74/. Für die Betrachtungen im Rahmen dieser Arbeit wurde eine Bauart von Klein-Linearmotoren ausgewählt, deren Funktionsprinzip in <u>Bild 5.7</u> veranschaulicht ist (/75/). Die Kraftwirkung beruht bei diesem Motorprinzip auf der Überlagerung der Magnetfelder eines permanentmagnetischen Läufers und eines elektromagnetisch erregten Stators. Durch Einprägen eines Stroms in die Statorwicklung läßt sich die Motorkraft in bidirektionaler Richtung steuern. Zwischen der Motorkraft und dem Motorstrom besteht dabei ein annähernd linearer Zusammenhang (/76/). Abhängig von der Position des Läufers wirkt jedoch infolge des Einflusses der Statornutung eine relativ geringe Reluktanzkraft, die der Motorkraft überlagert ist. Das Motorprinzip eignet sich für die Erzeugung von Kräften bis 1000 N und Stellwegen bis zu 50 mm (/77/).

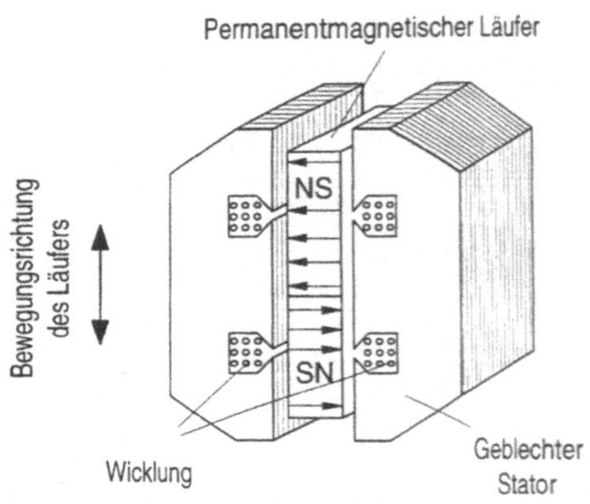

Bild 5.7: Funktionsprinzip des Klein-Linearmotors

Aufgrund der geringen Masse des permanentmagnetischen Läufers ergibt sich bei ebenfalls geringer angekoppelter Fremdträgheitsmasse ein hohes Beschleunigungsvermögen des Antriebs. Die erreichbare Stelldynamik wird wie beim Magnetmotor durch das Beschleunigungsvermögen und durch die maximale Stromanstiegsgeschwindigkeit in der Motorwicklung begrenzt. Durch den symmetrischen Aufbau des Motors ergibt sich eine günstige Flußführung mit kurzen Eisenlängen, so daß die Abmessungen und die Masse des Motors verhältnismäßig gering gehalten werden können. Da zwischen dem permanentmagnetischen Läufer und dem Statoreisenpaket schon bei leicht unsymmetrischen Luftspaltdicken relativ hohe magnetische Anziehungskräfte wirken, ist eine steife Führung des Läufers erforderlich.

5.1.1.2 Bewertung und Auswahl des Aktuatorprinzips

Anhand der im vorhergehenden Abschnitt aufgezeigten Eigenschaften der verschiedenen Aktuatorprinzipien und der unter Abschnitt 4.2.1 definierten Anforderungen an die Korrekturspiegeleinheiten wird im folgenden eine Bewertung der Aktuatorprinzipien vorgenommen. Als Ergebnis der Bewertung wird das Aktuatorprinzip, das den Anforderungen am besten gerecht wird, für die Realisierung der Korrekturspiegeleinheiten ausgewählt.

Wie gezeigt wurde, eignen sich Festkörperaktuatoren auf der Basis von piezoelektrischen oder magnetostriktiven Werkstoffen nicht für die Realisierung eines Winkelstellbereichs des Kippspiegels von $\pm\,1°$ bei gleichzeitig hoher Bandbreite. Da bei der Verwendung der Korrekturspiegeleinheiten als hochdynamische Zusatzachsen sowohl der Winkelstellbereich von $\pm\,1°$ als auch eine möglichst hohe Bandbreite gefordert werden, scheiden Festkörperaktuatoren als Aktuatorprinzip für die Spiegelantriebe aus.

Tauchspulenantriebe besitzen voluminöse und mit großer Masse behaftete Statorteile. Diese Eigenschaft wiederspricht der Anforderung an einen möglichst kompakten und massearmen Aufbau der Korrekturspiegeleinheiten, der eine Voraussetzung für die Einsetzbarkeit der Korrekturspiegeleinheiten im bewegten, hochbeschleunigten Teil der Strahlführung darstellt. Dies gilt insbesondere für die Anordnung von Korrekturspiegeleinheiten am Bearbeitungskopf, wo beengte Platzverhältnisse herrschen und wo sich infolge der begrenzten mechanischen Steifigkeit und Antriebsleistung der Führungsmaschine große zusätzliche Massen besonders negativ auf die Maschinendynamik auswirken. Damit scheidet der Einsatz des Tauchspulen-Antriebsprinzips für die Realisierung der Spiegelantriebe ebenfalls aus.

Die Anforderungen an den Hub und die Kraft der Aktuatoren liegen bei den Korrekturspiegeleinheiten in einem Bereich, der gemäß Bild 5.8 bei vertretbaren Abmessungen und Eigenmassen sowohl mit Magnetmotoren als auch mit Klein-Linearmotoren abgedeckt werden kann. Prizipiell lassen sich Magnetmotoren für die Erzeugung großer Kräfte bei kleinem Hub kompakter aufbauen als Linearmotoren, während für die Erzeugung geringerer Kräfte bei größerem Hub die Verhältnisse genau umgekehrt sind (/72/). Entscheidend für die Auswahl des Aktuatorprinzips ist im vorliegenden Fall die Eigenmasse des bewegten Teils des Aktuators. Die mit dem Kippspiegel gekoppelte Eigenmasse des Aktuators soll dabei im Verhältnis zur Masse des Kippspiegels möglichst gering sein, um ein Maximum an Beschleunigungsvermögen und eine möglichst hohe mechanische Eigenfrequenz der Spiegellagerung zu erzielen. Da der Läufer eines Klein-Linearmotors, der nach dem in Bild 5.7 dargestellten Funktionsprinzip aufgebaut ist, eine geringere Masse aufweist als der Anker eines vergleichbaren Magnetmotors, wird für die Realisierung der Spiegelantriebe dieses Aktuatorprinzip ausgewählt.

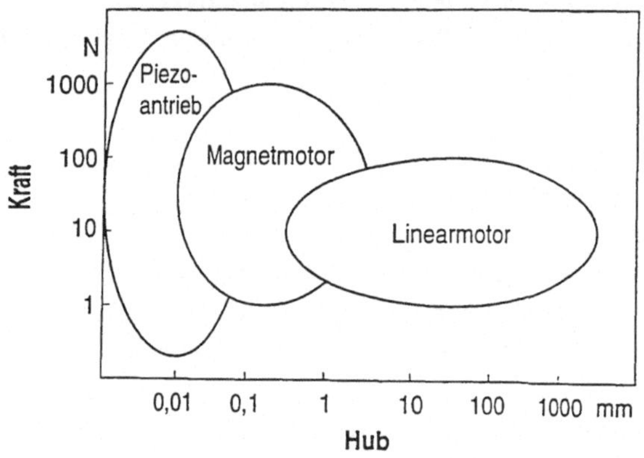

Bild 5.8:   Anwendungsbereiche verschiedener translatorischer Direktantriebe nach /72/

5.1.1.3 Beschleunigungsoptimale Dimensionierung der Spiegelantriebe

Zur Dimensionierung der Baugröße und des Spitzenmoments der Spiegelantriebsmotoren kann bei dem als Antriebsprinzip gewählten Klein-Linearmotor in guter Näherung eine proportionale Abhängigkeit zwischen der Oberfläche des permanentmagnetischen Läufers, die den beiden Luftspalten zugewandt ist, und der verfügbaren Spitzenkraft angenommen werden. Da für unterschiedliche Luftspaltflächen die gleiche Dicke des Läufermagnets verwendet wird, ist die Masse des Läufers ebenfalls proportional zur Spitzenkraft des Motors.

Gemäß der in Bild 5.2 dargestellten prinzipiellen Anordnung wird der Massenmittelpunkt des Läufers in einem Abstand r von der Drehachse des Spiegelgelenks am Spiegelkörper befestigt. Unter Vernachlässigung der Reibung und der statischen Momente erhält man für das am Spiegelkörper wirkende Beschleunigungsmoment:

$$M_B = F_M \cdot r \tag{5.1}$$

M_B: Beschleunigungsmoment

F_M: Motorkraft

r: Abstand zwischen dem Massenmittelpunkt des Läufers und der Drehachse (Hebelarm)

Bei der Berechnung des gesamten Massenträgheitsmoments der Anordnung aus Spiegelkörper und Motorläufer kann der Motorläufer wegen seines geringen Eigenträgheitsmoments als Punktmasse betrachtet werden. Das Gesamtträgheitsmoment ergibt sich damit nach der Gleichung:

$$J_{ges} = J_{Sp} + r_M^2 \cdot m_L \tag{5.2}$$

J_{ges}: Gesamtträgheitsmoment von Spiegel und Motorläufer

J_{Sp}: Massenträgheitsmoment des Spiegelkörpers

m_L: Masse des Motorläufers.

Unter Verwendung der Konstanten C_m, die den Proportionalitätsfaktor zwischen der Spitzenkraft des Motors und der Läufermasse darstellt, erhält man die Spitzenbeschleunigung des Spiegels nach der Gleichung:

$$\alpha_{Sp.\,max} = \frac{r_M \cdot F_{M.\,max}}{J_{Sp} + r_M^2 \cdot C_m \cdot F_{M.\,max}} \tag{5.3}$$

$F_{M.\,max}$: Spitzenkraft des Linearmotors

$\alpha_{Sp.\,max}$: Spitzenbeschleunigung des Spiegels.

Sind das Spiegelträgheitsmoment und die Spitzenkraft des Linearmotors gegeben, so ergibt sich ein Optimum der Spitzenbeschleunigung bei einem Hebelarm von

$$r_{opt} = \sqrt{\frac{J_{Sp}}{m_L}} = \sqrt{\frac{J_{Sp}}{C_m \cdot F_{M.\,max}}} \; . \tag{5.4}$$

Durch Einsetzen von Gleichung 5.4 in Gleichung 5.3 erhält man den Wert für das Optimum der Spitzenbeschleunigung in Abhängigkeit der Spitzenkraft des Motors, der Konstanten C_m und des Spiegelträgheitsmoments:

$$\alpha_{Sp,\,opt} = \frac{1}{2} \cdot \sqrt{\frac{F_{M,\,max}}{C_m \cdot J_{Sp}}} \cdot \qquad (5.5)$$

Damit kann die Spitzenkraft des Motors bestimmt werden, die bei optimalem Hebelarm und gegebenem Massenträgheitsmoment des Spiegels zum Erreichen einer vorgegebenen Spitzenbeschleunigung erforderlich ist:

$$F_{M,\,max} = 4 \cdot C_m \cdot J_{Sp} \cdot \alpha_{Sp,\,opt}^2 \cdot \qquad (5.6)$$

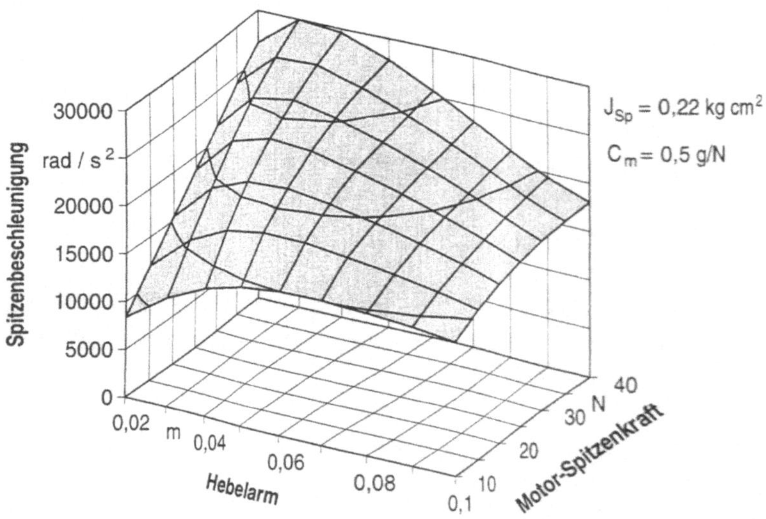

<u>Bild 5.9</u>: Zusammenhang zwischen Hebelarm, Motor-Spitzenkraft und Spitzenbeschleunigung für ein bestimmtes Massenträgheitsmoment des Spiegels und eine bestimmte Proportionalitätskonstante zwischen Motorkraft und Läufermasse

Bei dieser Vorgehensweise zur Dimensionierung der Motoren wird die vorgegebene Spitzenbeschleunigung des Spiegels mit einem Minimum der Motor-Spitzenkraft erreicht. Die beschleunigungsoptimalen Hebelarme, die sich dabei ergeben, sind jedoch mitunter nicht mit den Anforderungen an einen kompakten Aufbau der Korrekturspiegeleinheiten vereinbar.

In <u>Bild 5.9</u> ist die Spitzenbeschleunigung des Spiegels in Abhängigkeit vom Hebelarm und von der Spitzenkraft des Motors anhand eines Zahlenbeispiels graphisch dargestellt. Daraus ist zu erkennen, daß sich mit zunehmender Baugröße des Motors der beschleunigungsoptimale Hebelarm zu kleineren Werten verschiebt, wobei das lokale Optimum zunehmend ausgeprägter wird. Die Grenze der erreichbaren Spitzenbeschleunigung bei einem vorgegebenen Spiegel mit festliegenden Abmessungen und Massenträgheitsmomenten wird durch den minimalen Hebelarm und die maximale Motorbaugröße bestimmt, die unter den vorliegenden konstruktiven Randbedingungen noch sinnvoll sind.

Bei der nicht beschleunigungsoptimalen Vorgabe des Hebelarms aufgrund konstruktiver Randbedingungen kann <u>Bild 5.9</u> dazu verwendet werden, die Motorbaugröße auszuwählen, die zur Erzielung einer bestimmten Spitzenbeschleunigung des Spiegels notwendig ist.

5.1.1.4 Leistungs-Stelleinrichtung der Spiegelantriebe

Als Leistungs-Stelleinrichtung für den ausgewählten Klein-Linearmotor wird eine geregelte Gleichstromquelle benötigt, mit der ein elektrischer Strom in die Motorwicklung eingeprägt werden kann. Aus den in Abschnitt 4.2.3.1 aufgestellten Anforderungen an die Korrekturspiegeleinheit ergeben sich die folgenden Anforderungen an die Leistungs-Stelleinrichtung der Spiegelantriebe:

- Sehr kompakter Aufbau der gesamten Leistungs-Stelleinrichtung.
- Hohe Bandbreite des Stromregelkreises.
- Möglichst hohe Zwischenkreisspannung (siehe Abschnitt 5.3.4).
- Geringe Emission störender elektromagnetischer Felder.

Zur Realisierung geregelter Gleichstromquellen auf der Basis von Leistungstransistoren existieren zwei verschiedene Grundprinzipien (/66/):

- Stelleinrichtungen mit getakteten Transistoren,
- Stelleinrichtungen mit kontinuierlich betriebenen Transistoren.

Im folgenden werden die Eigenschaften von zwei untersuchten miniaturisierten Leistungs-Stelleinrichtungen - einer getakteten und einer kontinuierlich betriebenen - einander gegenübergestellt. Die qualitativen Eigenschaften dieser beiden Ausführungsformen von elektrischen Leistungsstellgliedern sind in Tabelle 5.1 zusammengefaßt.

	Stelleinrichtungen mit getakteten Transistoren	Stelleinrichtungen mit kontinuierlich betriebenen Transistoren
Abmessungen der Stelleinrichtung (ohne Kühlkörper)	kompakt	sehr kompakt
Bandbreite des Stromregelkreises	sehr hoch	sehr hoch
Zwischenkreisspannung	hoch	in Abhängigkeit vom Spitzenstrom begrenzt
Verluste in der Stelleinrichtung	gering	hoch
Stromwelligkeit	abhängig von Taktfrequenz und Lastiduktivität	keine
Emission von elektromagnetischen Störfeldern	hoch	sehr gering

Tabelle 5.2:   Eigenschaften getakteter und kontinuierlich betriebener geregelter Gleichspannungsquellen

Das Kernstück der in /78/ untersuchten getakteten Stelleinrichtung bildet ein sogenanntes Smart-Power-IC, das für den Betrieb von kleinen Gleichstrommotoren in Kraftfahrzeugen konzipiert wurde. Dieser Baustein enthält neben einer Voll-Brückenschaltung aus vier Leistungstransistoren bereits einen großen Teil der Ansteuerlogik sowie integrierte Schutz- und Verriegelungsschaltkreise, so daß zum Aufbau eines Stromregelkreises lediglich noch ein analoger Regler, ein Pulsweitenmodulator und ein Strommeßglied benötigt werden. Das Blockschaltbild der getakteten Leistungs-Stelleinrichtung zeigt Bild 5.10. Die Vorteile dieser kompakten getakteten Stelleinrichtung liegen in der geringen Verlustleistung und einer verhältnismäßig hohen Stromanstiegsgeschwindigkeit.

Nachteilig ist die für alle getakteten Stelleinrichtungen typische Stromwelligkeit sowie die Emission hoher Störpegel, die durch induktive oder kapazitive Kopplungen mit den hochfrequent geschalteten Leistungszweigen auf analoge Signalleitungen übertragen werden können.

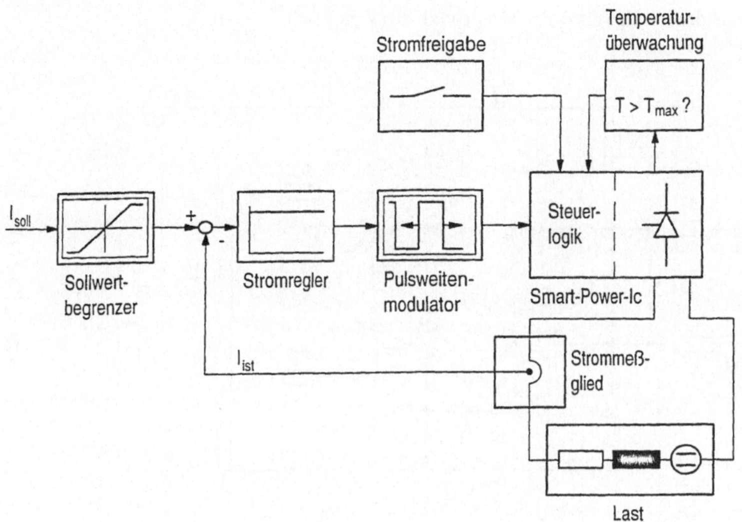

<u>Bild 5.10</u>: Blockschaltbild der getakteten Stelleinrichtung nach /78/

Als Basis für die untersuchte kontinuierlich betriebene Leistungs-Stelleinrichtung dient ein Leistungsoperationsverstärker, der unter anderem in Audioverstärkern Anwendung findet. Für den Aufbau eines Stromregelkreises ist hier lediglich die in <u>Bild 5.11</u> dargestellte Beschaltung des Leistungsoperationsverstärkers mit passiven Bauelementen erforderlich (/79/). Da zur Dissipation der relativ hohen Verlustleistung des Leistungsoperationsverstärkers das Gehäuse der Korrekturspiegeleinheit als Kühlkörper genutzt werden kann, ergibt sich ein äußerst kompakter Aufbau der Leistungs-Stelleinrichtung. Bei Bedarf kann die Wärmeabfuhr über das Gehäuse der Korrekturspiegeleinheit durch eine Wasserkühlung forciert werden, da zur Kühlung des Laserspiegels ohnehin ein Kühlwasserkreislauf vorhanden ist. Aus Gründen der Funktionssicherheit der Stelleinrichtung darf die Versorgungsspannung der Stelleinrichtung nur so hoch gewählt werden, daß auch bei längerem Betrieb in der Strombegrenzung die maximal zulässige interne Verlustleistung des Leistungsoperationsverstärkers nicht überschritten wird. Die zulässige Versorgungsspannung der kontinuierlich betriebenen Leistungs-Stelleinrichtung ist daher in Abhängigkeit vom Spitzenstrom des verwendeten Motors eventuell stärker begrenzt, als die der getakteten Leistungs-Stelleinrichtung. Durch die Verwendung von zwei Leistungsoperationsverstärkern in Brückenanordnung ist jedoch eine Verdoppelung der Ausgangsspannung der Stelleinrichtung und damit auch der Stromanstiegsgeschwindigkeit in der Motorwicklung möglich.

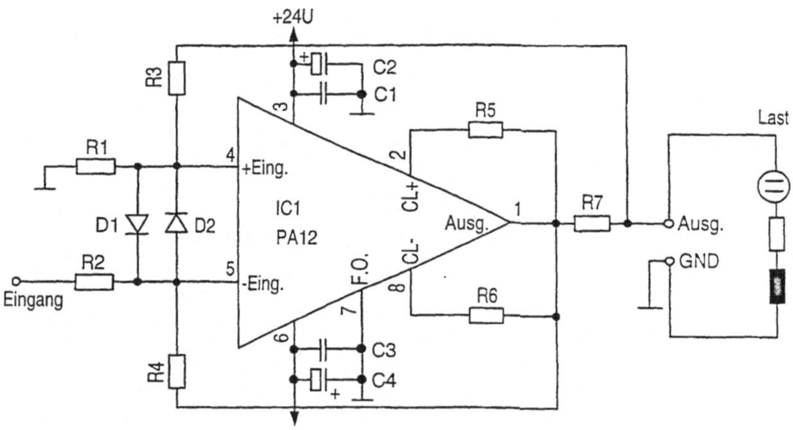

<u>Bild 5.11</u>: Schaltbild der kontinuierlichen Stelleinrichtung auf Basis eines Leistungs-operationsverstärkers

Ausschlaggebend für die Wahl der Ausführungsform der Leistungs-Stelleinrichtung ist insbesondere die Forderung nach möglichst kompakten Abmessungen. Durch die Nutzung des Gehäuses der Korrekturspiegeleinheit als Kühlkörper besitzt die kontinuierliche Leistungs-Stelleinrichtung auf Basis eines Leistungsoperationsverstärkers wegen ihrer geringeren Anzahl an aktiven und passiven Bauelementen deutlich kompaktere Abmessungen als die getaktete Leistungs-Stelleinrichtung. Da die kontinuierliche Leistungs-Stelleinrichtung außerdem gegenüber der getakteten Ausführung keine Welligkeit des Stroms und keine Emission von hochfrequenten elektomagnetischen Störfeldern aufweist, die zu Funktionsstörungen der in die Korrekturspiegeleinheit integrierten Meß- und Regelungselektronik führen kann, wurde diese Ausführungsform für die Realisierung der Leistungsstelleinrichtung ausgewählt.

5.1.2 Hochauflösende Lagemeßsysteme zur Erfassung der Spiegelposition

Aus den in Abschnitt 4.2.3.1 aufgestellten Anforderungen an die Korrekturspiegeleinheit ergeben sich folgende Anforderungen an die in der Korrekturspiegeleinheit integrierten Lagemeßsysteme zur Erfassung der Spiegelposition:

- Hohe Auflösung der Spiegelkippwinkel (< 2 µrad)
- Hohe Signalbandbreite (> 5 kHz)
- Möglichst kompakte Abmessungen des gesamten Lagemeßsystems einschließlich der zugehörigen Meßsignal-Aufbereitungselektronik.

	Art des Meßsignals	Auflösung	Linearität	Bauvolumen	Ankopplung an den Spiegel
Inkremental-maßstab	digital / inkremental	hoch bis sehr hoch	sehr gut	groß	Ausgleichs-kupplung
Laserinter-ferometer	digital / inkremental	sehr hoch	sehr gut	groß	berührungs-los
Kapazitiver Abstands-sensor	analog / absolut	hoch	gut	klein	berührungs-los
Induktiver Wegauf-nehmer	analog / absolut	hoch	gut	sehr klein	berührungs-los
Autokolli-mations-fernrohr	analog / absolut	hoch	gut	mittel	berührungs-los

Tabelle 5.3: Klassifizierung verschiedener Lagemeßsysteme zur Messung der Spiegel-positon

Aufgrund des kleinen Winkelstellbereichs der Korrekturspiegeleinheiten kommen zur Erfassung der Spiegelkippwinkel neben Winkelmeßsystemen auch Linear-Lagemeßsysteme in Betracht, die in gleicher Weise wie die Linear-Aktuatoren (siehe Bild 5.2) am Spiegel angeordnet werden können. Da der Spiegel in zwei orthogonalen Achsen verkippbar ist, muß entweder durch das Bauprinzip des Meßytems oder durch einen geeigneten Kopplungsmechanismus zwischen Spiegel und Meßsystem die Beweglichkeit in beiden Freiheitsgraden sichergestellt sein. Die qualitativen Eigenschaften verschiedener Lagemeßsysteme, die diese Randbedingung erfüllen, sind in Tabelle 5.3 zusammengestellt.

5.1.2.1 Eigenschaften verschiedener Lagemeßsysteme

5.1.2.1.1 Inkrementalmaßstab

Lineare Inkrementalmaßstäbe sind Wegmeßsysteme, die einen Maßstab mit periodischer Teilung als Maßverkörperung besitzen. Die Weginformation wird in Form einer Summe von Wegschritten (Inkrementen) bereitgestellt und relativ zu einer definierten Anfangsposition gemessen. Die erreichbare Auflösung und Genauigkeit von Inkrementalmaßstäben ist abhängig vom physikalischen Funktionsprinzip und vom Interpolationsverfahren, das für die Umsetzung der sinus- und cosinusförmigen Meßsignale in Wegschritte verwendet wird (/80/). Meßsysteme, die nach optischen Prinzipien arbeiten, erreichen dabei gegenüber magnetischen und induktiven Meßprinzipien höhere Auflösungen (/81/), während sich magnetische Inkrementalmaßstäbe vor allem durch ihre kompakten Abmessungen und durch ihre Unempfindlichkeit gegen Verschmutzung auszeichnen. Eine gemeinsame Eigenschaft der genannten Funktionsprinzipien von Inkrementalmaßstäben ist die Notwendigkeit einer möglichst exakten Parallelführung des Abtastkopfs zum Maßstab. Wegen der rotatorischen Bewegung des Spiegels kommen daher zur Messung der Spiegelposition nur Inkrementalmaßstäbe mit integrierter Linearführung in Betracht. Solche Wegmeßsysteme sind in Form von kompakten Meßtastern verfügbar. Die Kopplung zwischen dem Spiegel und dem Meßtaster kann dabei, wie in Bild 5.12 dargestellt, durch Andrücken der Meßtasterspitze mit der im Meßtaster integrierten Feder oder durch Verwendung einer andersartigen quer und winkelbeweglichen Ausgleichskupplung erfolgen.

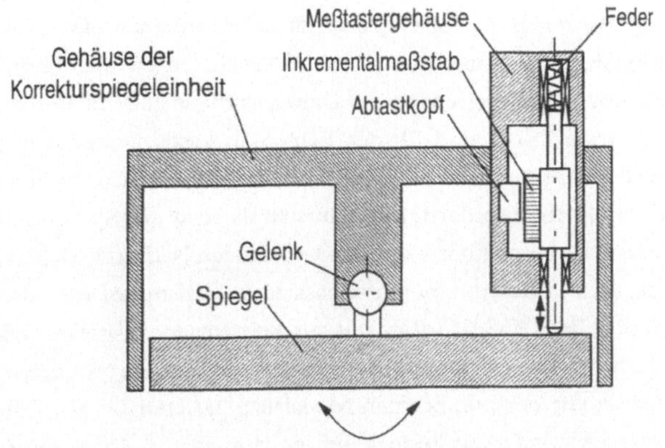

Bild 5.12: Lagemeßung des Spiegels mit einem Inkrementalmaßstab

5.1.2.1.2   Laser-Interferometer

Laser-Interferometer nach Michelson beruhen auf dem Prinzip der Überlagerung zweier kohärenter Lichtwellen, deren Phasenverschiebung von der Länge des Lichtwegs im Strahlengang einer der beiden Lichtwellen abhängig ist. Die Intensität der resultierenden Lichtwelle wird dabei in Abhängigkeit des Lichtwegs sinusförmig moduliert und kann damit wie das Meßsignal eines Inkrementalmaßstabs zur hochauflösenden Messung von Verschiebungen des Meßobjekts gegenüber seiner Anfangsposition verwendet werden. Zur Erkennung der Bewegungsrichtung werden doppelte Michelson-Interferometer eingesetzt, die zwei um $\pi / 2$ phasenverschobene sinusförmige Meßsignale liefern. Als Ausführungsformen solcher doppelten Michelson-Interferometer, deren Auflösung je nach Interpolation bei einem kleinen Bruchteil der Laser-Wellenlänge liegt, kommen in der Praxis sowohl Polarisationsinterferometer als auch Doppelfrequenzinterferometer zum Einsatz (/83/).

Unter Verwendung von stabilisierten Halbleiterlasern und integriert optischen Interferometeranordnungen stehen heute miniaturisierte Laser-Interferometerköpfe zur Verfügung, die für einen Einsatz bei beengten Einbauverhältnissen geeignet sind (/84, 85/). Bild 5.13 zeigt schematisch den Aufbau eines integriert-optischen doppelten Michelson-Interferometers nach /85/, das eine Auflösung < 10 nm erreicht, und dessen Anordnung am Spiegel. Die zur Auswertung der Interferometersignale und zur Stabilisierung des

Lasers erforderliche Elektronik ist dabei jedoch in einem separaten Gehäuse untergebracht und weist relativ große Abmessungen auf. Desweiteren ist zur Erzielung einer hohen Meßgenauigkeit eine Kompensation der Umwelteinflüsse auf die Wellenlänge des Meßlaserstrahls notwendig. Daher sind für den Betrieb des Laserinterferometers Zusatzeinrichtungen wie Refraktometer oder Sensoren zur Messung der Luftparameter erforderlich (/86/), die sowohl den erforderlichen Bauraum als auch die Systemkosten erhöhen. Inkremental messende Laser-Interferometer besitzen den Nachteil, daß zur Bestimmung einer reproduzierbaren Referenzposition zusätzliche Hilfsmittel erforderlich sind, da das Interferometer selbst keine Möglichkeit zur Referenzierung bietet. Dieses Problem kann durch Verwendung von absolut messenden Laser-Interferometern vermieden werden, die auf dem Prinzip der homodynen Modulation basieren (/85/). Dabei ist die zulässige Bewegungsgeschwindigkeit jedoch um ca. den Faktor 20 geringer, als bei einem inkremental messenden Laser-Interferometer. Ein großer Vorteil von Laser-Interferometern besteht darin, daß der bewegte Teil des Meßsystems nur aus einem relativ massearmen Retroreflektor besteht und daß das Meßergebnis von Verkippungen des Retroreflektors nicht beeinflußt wird.

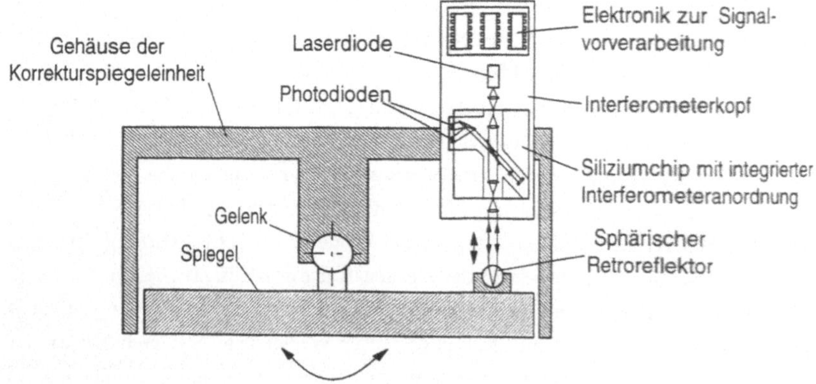

<u>Bild 5.13:</u> Messung der Spiegelposition mit einem doppelten Michelson-Interferometer, realisiert in integriert-optischer Technik auf einem 7,5 x 7,5 mm^2 großen Siliziumchip (/85/)

5.1.2.1.3   Kapazitiver Abstandssensor

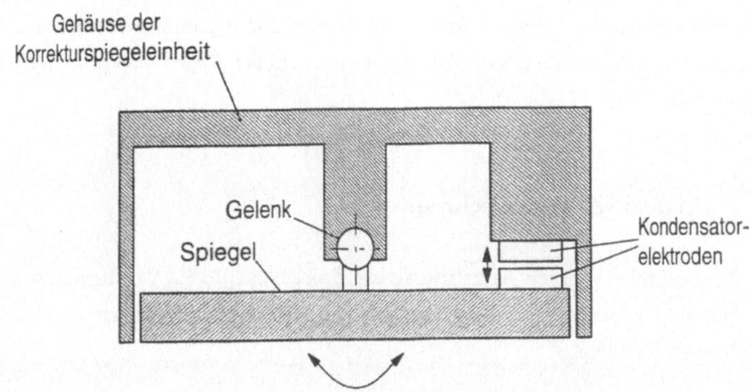

Bild 5.14: Messung der Spiegelposition mit einem kapazitiven Abstandssensor

Die Messung der Spiegelposition mit kapazitiven Abstandssensoren, die in Bild 5.14 dargestellt ist, basiert auf dem Prinzip der Kapazitätsmessung eines idealen Plattenkondensators, wobei die Plattenelektroden des Kondensators durch den Sensor und das gegenüberliegende Meßobjekt gebildet werden. Bei sehr hohen Anforderungen an die Auflösung und Genauigkeit der Abstandsmessung werden zweigeteilte Sensoren verwendet, um exakt definierte Eigenschaften der Kondensatorelektrode am Meßobjekt sicherzustellen (/87/). Zur Messung der Kapazität des Plattenkondensators, die umgekehrt proportional zum Abstand der beiden Plattenelektroden ist, wird der kapazitive Widerstand des Kondensators in einer mit Wechselspannung betriebenen Meßbrückenschaltung ausgewertet. Kapazitive Sensoren weisen ein relativ kleines Bauvolumen auf und eignen sich sowohl für elektrisch leitende als auch für isolierende Meßobjekte. Die zugehörigen Standard-Auswerteelektroniken sind in separaten Gehäusen untergebracht und besitzen verhältnismäßig große Abmessungen. Die Meßbereiche einteiliger kapazitiver Sensoren liegen etwa im Bereich bis 5 mm. Dabei wird eine Auflösung von ca. 0,05 % und eine Linearitätsabweichung von ± 0,2 % des Meßbereichs erreicht. Bei zweigeteilten Senoren ist die Linearitätsabweichung kleiner als 0,05 %. Kapazitive Sensoren weisen außerdem eine geringe thermische Drift und eine gute Langzeitstabilität auf. Da das Meßsignal aus einer integrierenden Messung der Kapazität über die gesamte Fläche des Kondensators gebildet wird, wirkt sich eine Parallelitätsabweichung der Kondensatorflächen infolge des nichtlinearen Zusammenhangs zwischen Abstand und Kapazität sowohl auf die Linearität als auch auf den Proportionalitätsfaktor des Meßsignals aus

(/87/). Durch die Verwendung eines Trägerfrequenz-Meßverstärkers zur Messung des kapazitiven Widerstands des Sensors ist das abstandsproportionale Meßsignal zunächst mit der Trägerfrequenz des Meßverstärkers moduliert. Die Signalbandbreite des daraus gewonnenen demodulierten analogen Meßsignals ist in der Regel auf ca. 5-10 % der Trägerfrequenz begrenzt.

5.1.2.1.4 Induktiver Wegaufnehmer

Induktive Wegaufnehmer, deren Anordnung am Spiegel in Bild 5.15 schematisch dargestellt ist, basieren entweder auf dem Differentialtransformator-Prinzip oder auf dem Differentialdrossel-Prinzip.

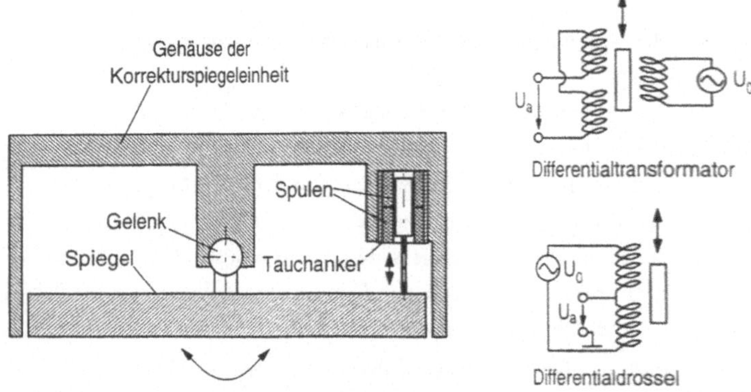

Bild 5.15: Messung der Spiegelposition mit induktivem Wegaufnehmer

Ein Differentialtransformator, häufig auch mit der Abkürzung LVDT (Linear Variable Differential Transformer) bezeichnet, besteht aus einer Primärwicklung, die mit einer Wechselspannung konstanter Amplitude und Frequenz gespeist wird, sowie zwei Sekundärwicklungen, die entgegengesetzt in Reihe geschaltet sind. Die transformatorische Kopplung zwischen der Primärwicklung und den einzelnen Sekundärwicklungen wird durch die axiale Position des ferromagnetischen Tauchankers bestimmt, der sich im Kern der zylinderförmig aufgebauten Spulenanordnung befindet. Am Meßsignalausgang erscheint als Differenz der beiden Sekundärspannungen ein Wechselspannungssignal dessen Amplitude proportional zur Verschiebung des Tauchankers ist.

Eine Differentialdrossel besteht aus zwei in Reihe geschalteten Spulenwicklungen, die wieder von einer Wechselspannung mit konstanter Amplitude und Frequenz gespeist werden. Dabei weist der induktive Widerstand der beiden Drosselspulen eine jeweils entgegengesetzte Abhängigkeit von der axialen Lage des Tauchankers auf. Da die beiden Drosselspulen einen Wechselspannungsteiler bilden, ist die Amplitude der Wechselspannung am Mittelabgriff der beiden Spulen proportional zur Verschiebung des Tauchankers aus der Mittelstellung.

Zur Umformung der Ausgangswechselspannung eines induktiven Wegaufnehmers in ein wegproportionales Analogsignal wird wie beim kapazitiven Abstandssensor ein Demodulator benötigt, weshalb die Meßsignalbandbreite auch bei diesem Meßprinzip auf ca. 5-10 % der Oszillationsfrequenz begrenzt ist. Die erreichbare Auflösung hängt sehr stark vom verwendeten Demodulator und von der Tiefpaßfilterung des demodulierten Signals ab. Eine hohe Auflösung bedingt dabei in der Regel eine geringe Meßsignalbandbreite. Die Linearitätsabweichung induktiver Wegaufnehmer liegt in einer Größenordnung von 0,25-1 % des Meßbereichs. Große Vorteile für den Einsatz in einer Korrekturspiegeleinheit bieten induktive Wegaufnehmer mit einem Meßbereich von ca. ± 2 mm wegen ihrer sehr kompakten Abmessungen und des relativ großen Bewegungsfreiraums des beweglichen Tauchankers für Kipp- und Lateralbewegungen. Dadurch kann der Tauchanker ohne Verwendung einer Ausgleichskupplung starr am Kippspiegel angebracht werden. Auswerteschaltungen für induktive Wegaufnehmer sind als miniaturisierte Komponenten verfügbar.

5.1.2.1.5 Autokollimationsfernrohr

Zur optischen Messung der zweidimensionalen Kippung eines Spiegels eignen sich auch Autokollimationsfernrohre (/88/), die nach dem in <u>Bild 5.16</u> dargestellten Funktionsprinzip arbeiten. Als punktförmige Lichtquellen von Autokollimationsfernrohren können vorteilhaft sehr preiswerte und leistungsstarke Leuchtdioden mit einer vorgeschalteten Blende eingesetzt werden. Der von der Punkt-Lichtquelle ausgehende Lichtkegel gelangt über den Strahlteiler zu einer Kollimatorlinse, deren objektseitiger Brennpunkt in der Blendenöffnung liegt. An der Kollimatorlinse wird der Lichtkegel in ein paralleles Strahlenbündel abgebildet, das am Meßspiegel reflektiert wird. Der reflektierte Strahl wird anschließend von der Kollimatorlinse wieder fokussiert und gelangt über den Strahlteilerwürfel zu einer Lateraleffekt-Diode, mit deren Hilfe die Fokusposition des reflektierten Strahls gemessen wird. Lateraleffekt-Dioden, deren Funktionsweise in Abschnitt 6.2.2.2 noch beschrieben wird, werden häufig auch mit der Abkürzung PSD (Position Sensing Diode) bezeichnet. Zwischen der gemessenen Fokusposition Δx, der Brennweite f der Kollimatorlinse und dem Kippwinkel $\Delta\varphi$ des Meßspiegels besteht der Zusammenhang:

$$\Delta\varphi = \frac{\Delta x}{2 \cdot f}. \qquad (5.11)$$

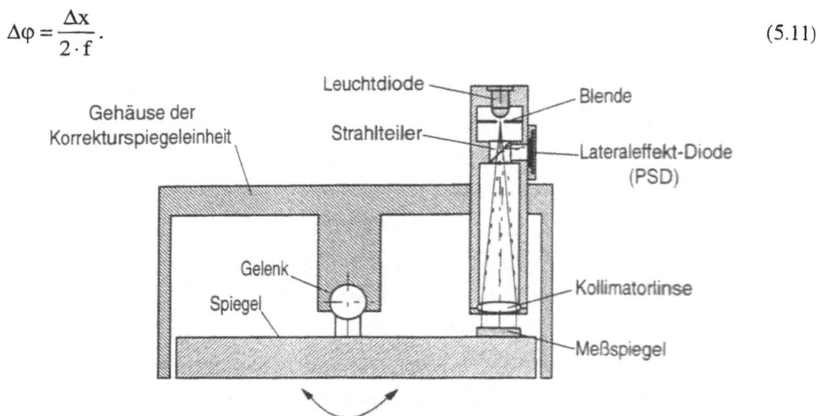

<u>Bild 5.16:</u> Funktionsprinzip des Autokollimationsfernrohrs

Da spezielle Lateraleffekt-Dioden die Messung der Fokusposition in zwei senkrecht zueinander stehenden Richtungen ermöglichen, können mit dem Autokollimationsfernrohr gleichzeitig beide Kippwinkel des Spiegels erfaßt werden. Dabei muß jedoch die Lateraleffekt-Diode so ausgerichtet werden, daß die Richtungen der Spiegelantriebsachsen mit den Meßrichtungen übereinstimmen. Lateraleffekt-Dioden erreichen rauschbegrenzte Positionsauflösungen von unter 1 µm bei gleichzeitig sehr hoher Signalbandbreite. Ihre Linearitätsabweichung liegt bei ca. 0,5-1 %. Durch geeignete Wahl der Brennweite der Kollimatorlinse lassen sich sehr hohe Winkelauflösungen erzielen. Das Meßprinzip erlaubt eine kraftfreie und berührungslose Messung der Spiegelkippwinkel, wobei der Meßspiegel starr am Meßobjekt angebracht wird. Kompakte elektronische Auswerteschaltungen für PSD's werden von verschiedenen Herstellern angeboten. Aufgrund des relativ einfachen Aufbaus dieser Schaltungen können diese vom Anwender auch leicht selbst gebaut und mit anderen Schaltungen auf einer gemeinsamen Platine vereinigt werden.

5.1.2.2 Bewertung und Auswahl des Lagemeßsystems

Hochauflösende optische Inkrementalmaßstäbe, die als Meßtaster mit integrierter Linearführung ausgeführt sind, besitzen ein relativ großes Bauvolumen, das sich insbesondere
aus der großen Baulänge ergibt. Die Interpolationselektronik, die zur Erzielung einer
hohen Auflösung benötigt wird, ist meist nicht im Meßtaster integriert und benötigt
daher zusätzlichen Bauraum. Da zur Messung der Spiegelkippwinkel zwei solche Meßtaster benötigt werden, ist mit diesem Meßprinzip kein kompakter Aufbau der Korrekturspiegeleinheit möglich. Ein weiterer schwerwiegender Nachteil bei der Verwendung
von inkrementalen Meßtastern als Spiegelmeßsystem besteht in der Notwendigkeit einer
winkelbeweglichen Kopplung zwischen Meßtaster und Kippspiegel. Dabei sind sowohl
ein federnder Kontakt als auch eine winkelbewegliche Ausgleichskupplung wegen ihrer
mechanischen Eigendynamik als kritisch für die erreichbare Lageregelungsbandbreite
der Korrekturspiegel einzustufen. Inkrementalmaßstäbe stellen somit keine geeignete
Lösung für die vorliegende Meßaufgabe dar.

Laserinterferometer mit miniaturisierten Interferometerköpfen besitzen als Gesamtsystem einschließlich Interpolationselektronik und Einrichtungen zur Brechzahlkorrektur
ebenfalls ein Bauvolumen, das eine vollständige Integration in eine kompakte Korrekturspiegeleinheit praktisch ausschließt. Hinzu kommt, daß diese hochpräzisen Laserinterferometer infolge ihres geringen Marktvolumens und hoher Entwicklungs- und Herstellungskosten sehr teuer sind. Dieses widerspricht jedoch dem Ziel einer möglichst
kostengünstigen Realisierung des gesamten Strahllagekorrektursystems, die eine Grundvoraussetzung für dessen wirtschaftlichen Einsatz in Laserbearbeitungsmaschinen darstellt.

Bei kapazitiven Abstandssensoren besteht eine relativ starke Abhängigkeit der Linearität
und des Proportionalitätsfaktors zwischen Meßsignal und Abstand von der Parallelität
der Kondensatorflächen. Da im vorliegenden Fall das Meßobjekt um zwei Achsen gekippt wird, ergibt sich ein nichtlinearer Zusammenhang zwischen dem Meßsignal an
einem kapazitiven Abstandssensor und beiden Kippwinkeln, der nur durch eine aufwendige Kalibrierung und eine zweidimensionale Kennlinienkorrektur (/89/) wieder
beseitigt werden kann. Hinzu kommt, daß die standardmäßig angebotenen Auswerteelektroniken für kapazitive Abstandssensoren so große Abmessungen aufweisen, daß diese
nicht in einer kompakten Korrekturspiegeleinheit untergebracht werden können. Kapazi-

tive Abstandssensoren sind daher für die Messung der Spiegelkippwinkel wenig geeignet.

Induktive Wegaufnehmer sind wegen der sehr kompakten Abmessungen des Aufnehmers und der zugehörigen Auswerteelektronik und wegen der ausreichenden Winkelbeglichkeit des Tauchankers innerhalb der Spulenanordnung sehr gut als vollständig integrierte Lagemeßsysteme für eine Korrekturspiegeleinheit geeignet. Im Vergleich zu den anderen Meßprinzipien sind induktive Wegaufnehmer zudem sehr preiswert. Nachteilig ist jedoch, daß die Signalbandbreite durch die Oszillationsfrequenz des Trägerfrequenz-Meßverstärkers und durch den Einsatz von Tiefpaßfiltern begrenzt wird, die zur Erzielung eines geringen Rauschpegels bzw. einer hohen Auflösung notwendig sind. Hierdurch ergibt sich eine verhältnismäßig große Zeitkonstante des Meßsystems, die zu einer Verringerung der Phasenreserve im Lageregelkreis und damit zu einer niedrigeren Lageregelungsbandbreite führt (/90/).

Die Messung der Spiegelkippwinkel mit einem Autokollimationsfernrohr bietet den Vorteil, daß beide Spiegelkippwinkel mit nur einem Sensor erfaßt werden. Wie die meisten optischen Meßprinzipien besitzt auch das Autokollimationsfernrohr eine hohe Signalbandbreite bei gleichzeitig gutem Signal-Rausch-Verhältnis und eignet sich daher sehr gut für das Erzielen einer großen Lageregelungsbandbreite und einer hohen Lageauflösung. Zudem läßt sich die leicht als Eigenbau in kompakten Abmessungen realisierbare Auswerteelektronik des Autokollimationsfernrohrs gut in die Korrekturspiegeleinheit integrieren. Nachteilig ist die große Baulänge des Autokollimationsfernrohrs, die hauptsächlich durch die Brennweite der Kollimatorlinse bestimmt wird. Dieser Nachteil läßt sich bei der Integration in die Korrekturspiegeleinheit jedoch durch geeignete Faltung des Strahlengangs vermindern.

Aus den aufgezeigten Gründen kommen als Lagemeßsysteme für die Korrekturspiegeleinheiten entweder die preiswerten induktiven Wegaufnehmer oder ein Autokollimationsfernrohr mit hoher Meßsignalbandbreite in Betracht. Beide Meßprinzipien liefern die Spiegelkippwinkel als analoge Absolutwerte und benötigen somit keine Referenzierung nach dem Einschalten. Experimentelle Untersuchungen an einer als Versuchsmuster realisierten Korrekturspiegeleinheit zeigen, daß mit dem Autokollimationsfernrohr sowohl eine höhere Winkelauflösung als auch eine größere Lageregelungsbandbreite erreicht werden kann, als mit induktiven Wegaufnehmern (/90, 91/). Aus diesen Gründen wird als Lagemeßsystem für die Korrekturspiegeleinheiten das Autokollimationsfernrohr gewählt.

5.1.3 Gelenkige Aufhängung des Spiegels

Als Lösungsmöglichkeiten für die gelenkige Lagerung des Spiegels im Gehäuse der Korrekturspiegeleinheit stehen die in Bild 5.17 gezeigten Lagerungsprinzipien zur Auswahl, deren wichtigste Eigenschaften in Tabelle 5.4 qualitativ zusammengefaßt sind. Neben den Anforderungen

- hohe Steifigkeit,
- geringes Bauvolumen,
- ausreichender Bewegungsraum in zwei Freiheitsgraden,

sind bei der Auswahl des Lagerungsprinzips auch die Verträglichkeit der Lagerung mit dem gewählten Aktuatorprinzip und die Anzahl der Bewegungsfreiheitsgrade zu beachten.

	Steifigkeit	Bauvolumen	Freiheitsgrade	Bewegungs-raum
Dreipunkt-Aufhängung	hoch	klein	2 x Neigung 1 x Translation	klein
Äußeres Kugelgelenk	sehr hoch	groß	2 x Neigung 1 x Rotation	mittel
Inneres Kugelgelenk	hoch	klein	2 x Neigung 1 x Rotation	mittel
Äußeres Kardangelenk	gering	groß	2 x Neigung	groß
Inneres Kardangelenk	hoch	klein	2 x Neigung	mittel

Tabelle 5.4: Qualitative Eigenschaften verschiedener Lagerungsprinzipien

Zum Beispiel eignet sich eine Dreipunkt-Aufhängung sehr gut in Verbindung mit Festkörperaktuatoren. Dabei werden entweder Aktuatoren mit integrierter Federvorspannung mittels Biegegelenken am Spiegelkörper befestigt, oder der Spiegel wird über einen Federmechanismus, der gleichzeitig zur Aufnahme von Querkräften dient, in axialer Richtung gegen die Auflagepunkte an den Aktuatoren gedrückt. Neben der Neigung des Spiegels in zwei Freiheitsgraden erlaubt diese Art der Spiegellagerung zusätzlich eine translatorische Verschiebung des Spiegels in Richtung der Spiegelnormalen. Hierfür müssen jedoch auch insgesamt drei Aktoren eingesetzt werden. Im vorliegenden Fall werden dagegen nur zwei Freiheitsgrade zur Neigung des Spiegels gefordert. Außerdem ist eine Dreipunkt-Aufhängung für die als Aktuatorprinzip gewählten Linearmotoren weniger gut geeignet, da diese keine integrierten Linearführungen besitzen und somit zusätzliche Führungsmechanismen am Spiegel notwendig wären. Daher wird eine Dreipunkt-Aufhängung des Spiegels für die Realisierung der Korrekturspiegeleinheiten nicht in Betracht gezogen.

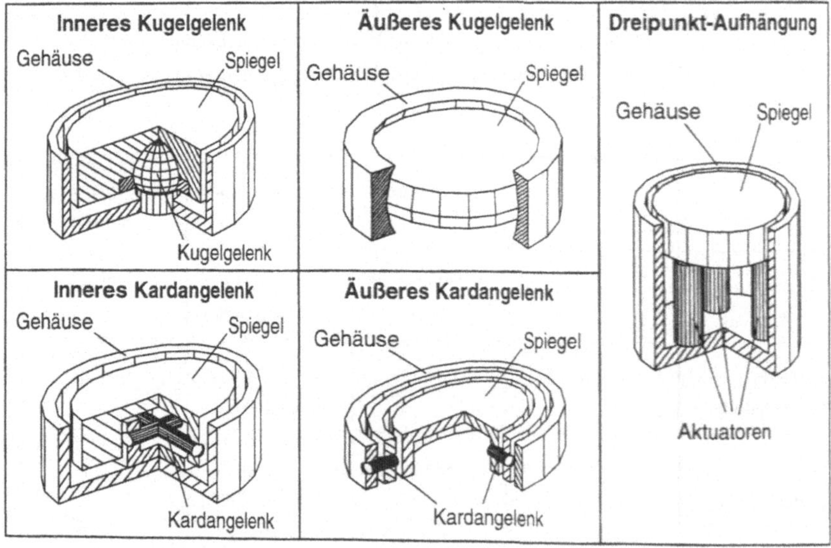

Bild 5.17: Prinzipielle Lösungsmöglichkeiten der gelenkigen Lagerung des Spiegels

Innen oder außen am Spiegel angeordnete Kugelgelenke lassen sich prinzipiell als Gleitlagerungen oder als Wälzlagerungen ausführen. Die innere Anordnung des Kugelgelenks baut sehr kompakt und ist auch bei elliptischen Spiegeln einsetzbar, während bei der äußeren Anordnung eine kugelige Form des Spiegels erforderlich ist, was zu größeren Spiegel- und Gehäuseabmessungen führt. Andererseits besitzt die äußere Anordnung des Kugelgelenks aufgrund des großen Lagerquerschnitts und der kurzen Kraftflußwege zwischen Spiegelkörper und Gehäuse eine sehr hohe Steifigkeit. Ein entscheidender Nachteil von Kugelgelenken bezüglich des Einsatzes in Verbindung mit den gewählten Linearmotoren besteht darin, daß die Kugelgelenke drei rotatorische Bewegungsfreiheitsgrade besitzen, während die Spiegelposition über die beiden Linearmotoren nur in zwei Bewegungsfreiheitsgraden vorgegeben werden kann. Da an den Linearmotoren auch senkrecht zur Bewegungsrichtung magnetische Anziehungskräfte zwischen Stator und Läufer auftreten, muß der dritte Freiheitsgrad der Kugelgelenklagerung durch zusätzliche Maßnahmen eingeschränkt werden, um die Erhaltung der Luftspalte zwischen den Läufern und den Statoren sicherzustellen. Hierfür können z. B. drehstarre, winkelbewegliche Balgkupplungen verwendet werden.

Kardanische Lagerungen besitzen dagegen von Natur aus nur zwei Freiheitsgrade und eignen sich daher besser für die Kombination mit den gewählten Linearmotoren. Dabei erlaubt die Anordnung des Kardangelenks im Inneren des Spiegelkörpers einen kompakteren Aufbau der Korrekturspiegeleinheit als bei einer äußeren Anordnung. Außerdem ergibt sich bei der inneren Anordnung aufgrund der kürzeren Kraftflußwege zwischen Spiegelkörper und Gehäuse eine höhere Steifigkeit der Lagerung. Die Lagerstellen der Kardangelenke können entweder als Gleitlager, als Wälzlager oder als Biegegelenke ausgeführt werden. Als Ausführungsform von Gleitlagern kommen dabei nur hydrodynamische Gleitlager in Frage, da hydrostatische oder aerostatische Gleitlager für die vorliegende Anwendung zu aufwendig wären. Hydrodynamische Gleitlager besitzen gegenüber Wälzlagern eine höhere Steifigkeit und eine höhere Lebensdauer bei kleinen, oszillierenden Bewegungen. Andererseits weisen sie eine höhere Reibung und ein unvermeidbares Spiel auf, was sich bei der Lageregelung des Korrekturspiegels sehr nachteilig auswirkt. Sehr gute Eigenschaften bezüglich Steifigkeit und Spielfreiheit besitzen dagegen Biegegelenklager, die aufgrund ihrer Dauerfestigkeit jedoch nur Bewegungen innerhalb eines sehr begrenzten Winkelbereichs erlauben.

Aus den aufgezeigten Eigenschaften der verschiedenen Lagerungsprinzipien und ihrer Bewertung für den Einsatz in einer Korrekturspiegeleinheit ergibt sich als geeignetste Lösung ein innenliegendes Kardangelenk. Die Ausführung der Lagerstellen des Kardangelenks als Wälzgelenke und als Biegegelenke wurde experimentell untersucht, wobei die Auslegung und Gestaltung geeigneter kardanischer Biegegelenke Gegenstand anderer, zeitlich parallel laufender Forschungsarbeiten war (/65/). Die Ergebnisse dieser Untersuchungen sind im nachfolgenden Abschnitt beschrieben.

5.2 Gestaltung der Korrekturspiegeleinheit

5.2.1 Konstruktive Ausführung einer ersten Version

Gemäß der in Abschnitt 5.1 durchgeführten systematischen Bewertung und Auswahl von Bausteinen werden für die Realisierung der Korrekturspiegeleinheit folgende Teilkomponenten verwendet:

- zwei Klein-Linearmotoren als Spiegelantriebe,
- ein Autokollimationsfernrohr zur Messung der Spiegelkippwinkel,
- ein innenliegendes Kardangelenk zur Lagerung des Spiegels.

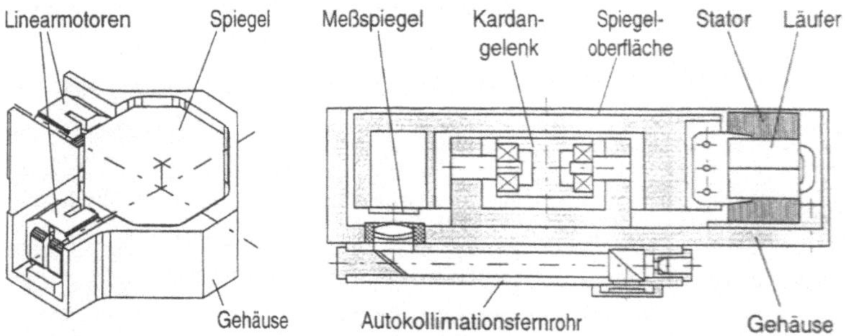

Bild 5.18: Konstruktiver Aufbau der ersten Version der Korrekturspiegeleinheiten.

Der Aufbau einer ersten Version der Korrekturspiegeleinheit, die in dem in Abschnitt 7 beschriebenen Versuchsaufbau zur experimentellen Untersuchung eines Strahllagekorrektursystems eingesetzt wurde, ist in Bild 5.18 in einer Gesamtansicht und einem Schnitt durch eine Antriebsachse dargestellt. Die Anordnung der Leistungsstelleinrichtungen der Spiegelantriebe am Gehäuse der Korrekturspiegeleinheit und die Lage der

Elektronikplatinen, die zur Lageregelung und zur Auswertung des Winkelmeßsystems dienen, ist auf der Fotografie der Korrekturspiegeleinheit in <u>Bild 5.19</u> zu erkennen.

<u>Bild 5.19:</u> Erste Version der Korrekturspiegeleinheit

Da zum Zeitpunkt der Realisierung der ersten Version der Korrekturspiegeleinheit noch kein geeigneter Leichtbauspiegel aus den Forschungsarbeiten in /65/ zur Verfügung stand, wurde als Spiegel ein verrippter Körper aus Aluminium verwendet, auf dessen Oberseite runde Standard-Spiegeloptiken mit einem Durchmesser von 50 mm befestigt werden können. Die Linearmotoren sind unter 45° zu den Hauptträgheitsachsen des Spiegels angeordnet, um einen symmetrischen und kompakten Aufbau der Korrektur-spiegeleinheit zu erhalten. Beide Läufer der Linearmotoren greifen direkt am Spiegel-körper an, während die beiden Statoren im Gehäuse der Korrekturspiegeleinheit veran-kert sind. Aus dieser kinematisch betrachtet parallelen Anordnung der Linearmotoren ergibt sich ein Minimum an bewegter Masse. Durch die direkte, stirnseitige Befestigung der Läufer am Spiegel ergibt sich außerdem eine mechanisch steife Kraftübertragung von den Läufern zum Spiegel. Infolge der gekoppelten zweidimensionalen Bewegungen der Läufer - die Translation des einen Läufers bewirkt eine Verkippung des anderen Läufers um dessen Längsachse - und wegen der begrenzten Luftspaltdicke ist der Bewegungsraum in den beiden Antriebsachsen auf ca. ± 1,5° eingeschränkt. Experimentelle Untersuchungen des statischen Verhaltens der Linearmotoren (/76/) ergaben, daß die Verkippung des Läufers gegenüber dem Stator keinen meßbaren Einfluß auf die Kraftkonstante des Motors besitzt. Es entsteht jedoch bei verkipptem Läufer ein Drehmoment um dessen Längsachse, das aus der ungleichförmigen Verteilung der magnetischen Anziehungskräfte zwischen dem Läufer und den beiden Statorhälften resultiert und das als statisches Störmoment auf den jeweils anderen Spiegelantrieb wirkt.

Bild 5.18b zeigt die Anordnung des Autokollimationsfernrohrs zur Messung der Spiegelkippwinkel in der Korrekturspiegeleinheit. Für die Realisierung des Autokollimationsfernrohrs wurde eine Linse mit einer Brennweite von 80 mm verwendet. Unter Berücksichtigung des Glaswegs durch den Strahlteiler ergibt sich eine effektive Brennweite von ca. 83,4 mm. Die verwendete Lateraleffekt-Diode besitzt eine aktive Fläche von 10 x 10 mm^2 und laut Angabe eine rauschbegrenzte Ortsauflösung von 0,2 μm. Aus diesen Daten ergibt sich für das Autokollimationsfernrohr ein Winkelmeßbereich von ca. ± 1,4° und eine theoretische Auflösung von 1,2 μrad.

Das innenliegende Kardangelenk, dessen Drehachsen wie die Linearmotoren unter 45° zu den Hauptträgheitsachsen des Spiegelkörpers angeordnet sind, wurde für die ersten experimentellen Untersuchungen mit Miniaturwälzlagern ausgeführt. Biegegelenklager aus den Forschungsarbeiten in /65/ standen zum Zeitpunkt der Realisierung der ersten Version der Korrekturspiegeleinheiten noch nicht zur Verfügung.

5.2.2 Ergebnisse der experimentellen Untersuchungen der ersten Version

Der theoretische Wert der Auflösung des Winkelmeßsystems der Korrekturspiegeleinheit konnte bei der experimentellen Überprüfung nicht erreicht werden. Der ermittelte Rauschpegel der Meßsignale liegt bei ca. 3 mV Spitze zu Spitze, während die Meßsystemkonstante experimentell zu 3,179 mrad/V bestimmt wurde. Hieraus ergibt sich für die tatsächlich erreichbare Meßsystemauflösung ein Wert von ca. ± 4,5 μrad. Als Ursachen für die gegenüber dem theoretischen Wert deutlich geringere Auflösung sind dabei vor allem Störungen des analogen Meßsignals durch externe elektromagnetische Felder sowie Störlichteinflüsse an der Lateraleffektdiode infolge unbeabsichtigter Reflexionen innerhalb des Autokollimationsfernrohrs zu nennen. Bild 5.20a zeigt den gemessenen Verlauf des Kippwinkels über der Istwert-Spannung für einen Meßkanal des Winkelmeßsystems. In Bild 5.20b sind die Abweichungen der Meßwerte von einer linearen Kennlinie dargestellt, die nach der Methode der kleinsten Fehlerquadrate aus den Meßwerten berechnet wurde. Die ermittelten Linearitätsabweichungen liegen mit maximal 42 µrad um eine Größenordnung über der Auflösungsgrenze des Winkelmeßsystems. Da die Linearitätsabweichungen größtenteils auf systematischen, reproduzierbaren Fehlern beruhen, ist es möglich, zur Erhöhung der Positioniergenauigkeit der Korrekturspiegel die gemessenen Linearitätsabweichungen des Winkelmeßsystems bei der Auswertung der Istpositionen bzw. bei der Vorgabe der Sollpositionen entsprechend zu kompensieren. Die Linearitätsabweichungen können hierzu entweder in einer Korrekturtabelle im Speicher eines digitalen Rechners abgelegt werden oder in einem anwendungsspezifischen Hardware-Baustein (/89/).

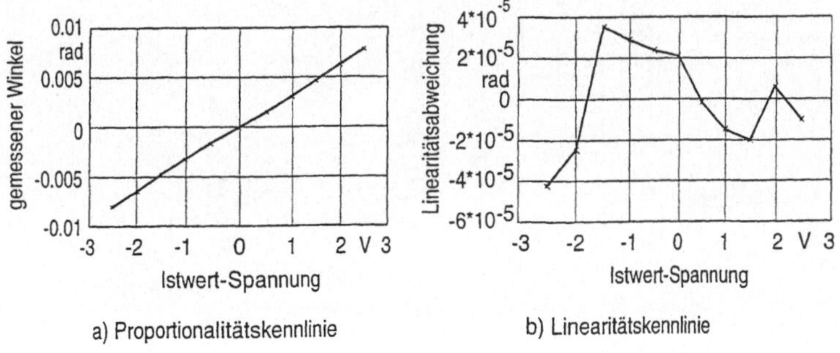

Bild 5.20: Kennlinien des Autokollimationsfernrohrs (für einen Meßkanal)

Die Ausführung der Lagerung mit Miniaturwälzlagern erwies sich bei der experimentellen Untersuchung der Korrekturspiegeleinheit aufgrund der geringen Steifigkeit und Tragfähigkeit der Lager als nicht optimal. Da zudem der verwendete Spiegel aus einem Tragkörper und einer Standard-Spiegeloptik zusammengesetzt und noch nicht hinsichtlich Leichtbau optimiert war, ergaben sich infolge der verteilten Federsteifigkeiten und Massen an der Spiegellagerung drei schwach gedämpfte mechanische Eigenfrequenzen, die bei ca. 750 Hz, 800 Hz und 950 Hz lagen. Als problematisch für die Lagerung erwiesen sich auch die relativ großen Anziehungskräfte zwischen den Statoren und den Läufern der Linearmotoren, die bei unsymmetrischen Luftspaltdicken zwischen dem Läufer und den beiden Statorhälften auftreten. Aufgrund der Hebelverhältnisse werden die Lagerstellen des Kardangelenks mit einem Vielfachen dieser Anziehungskräfte belastet. Durch die Nachgiebigkeit der Gelenklager ließ sich eine annähernd symmetrische Lage des Läufers zwischen den Statorhälften nur bei einer verhältnismäßig starken Vorspannung der Wälzlager einstellen. Die Verwendung von Wälzlagern für die Ausführung des Kardangelenks ist daher für einen Einsatz in der industriellen Praxis aufgrund der zu erwartenden sehr geringen Lebensdauer ungeeignet.

5.2.3 Konstruktive Ausführung einer optimierten Version

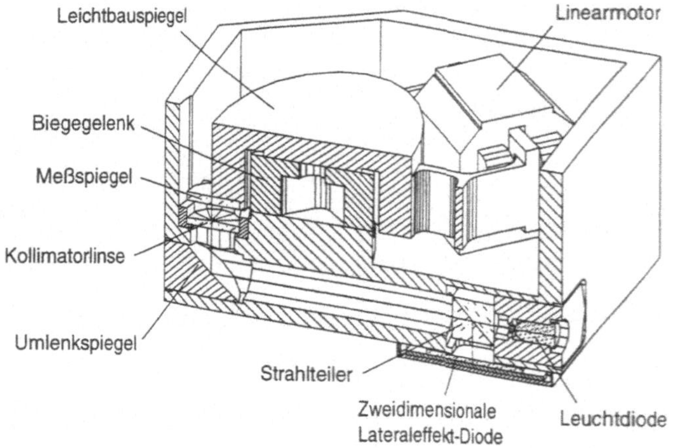

Bild 5.21: Konstruktiver Aufbau der optimierten Version der Korrekturspiegeleinheiten

Aufbauend auf den Erfahrungen mit der ersten Version der Korrekturspiegeleinheiten und unter Verwendung der Ergebnisse der parallel laufenden Forschungsarbeiten in /65/ wurde eine optimierte Version gestaltet, deren konstruktiver Aufbau in Bild 5.21 in einer dreidimensionalen Schnittdarstellung zu sehen ist. Hierbei kommt ein speziell angefertigter wassergekühlter Leichtbauspiegel zum Einsatz, der auf einem innenliegenden kardanischen Biegegelenk gelagert ist (/65/). Die Dauerfestigkeit des Biegegelenks in einem Stellbereich von ± 1° wurde durch experimentelle Untersuchungen bestätigt. Um eine möglichst steife und kompakte Anbindung der Aktuatoren an den Spiegelkörper zu erzielen, sind die permanentmagnetischen Läufer der beiden Linearmotoren direkt in die verrippte Tragstruktur des Leichtbauspiegels integriert. Die Linearmotoren, deren Baugröße und Hebelarm nach der in Abschnitt 5.1.1.3 beschriebenen Vorgehensweise optimal dimensioniert wurde, sind gegenüber der Prototypversion um 90° gedreht angeordnet. Diese neue Anordnung, die durch eine gegenüber der ersten Version geänderte konstruktive Ausführung der Linearmotoren ermöglicht wird, besitzt folgende Vorteile:

- Die Motorläufer können an beiden Enden am Spiegel befestigt werden, wodurch sich eine höhere Steifigkeit der Läuferhalterungen ergibt.
- Die Anziehungskräfte zwischen den Läufern und den Statoren wirken nicht mehr über eine Hebelübersetzung, sondern direkt auf die Lagerstellen des Kardangelenks. Hierdurch wird die Lagerbelastung erheblich reduziert.

Bild 5.22: Optimierte Version der Korrekturspiegeleinheit

Das Autokollimationsfernrohr zur Messung der Spiegelkippwinkel wurde in der gleichen Bauweise realisiert wie bei der ersten Version der Korrekturspiegeleinheit. Wie

Bild 5.21 zeigt, wurde es jedoch im Interesse eines kompakteren Aufbaus besser in das Gehäuse der Korrekturspiegeleinheit integriert. Ebenso wurden die Abmessungen der Leistungsstelleinrichtungen der Spiegelantriebe so weit wie möglich reduziert. Als Kühlkörper zur Abfuhr der in den Leistungsoperationsverstärkern anfallenden Verlustleistung dient dabei das Gehäuse der Korrekturspiegeleinheit. Die optimierte Anordnung der Leistungsstelleinrichtungen im Gehäuse der Korrekturspiegeleinheit ist in Bild 5.22 zu sehen. Die wichtigsten technischen Daten der beiden Versionen der Korrekturspiegeleinheit sind einander in Tabelle 5.5 gegenübergestellt.

	Erste Version	Optimierte Version
Oberflächen-Abmessungen des Spiegelkörpers	$106 \times 74 \ mm^2$ (achteckig)	$60 \times 42 \ mm^2$ (elliptisch)
Massenträgheitsmoment des Spiegelkörpers bezüglich der Antriebsachsen	$2,1 * 10^{-4} \ kg \ m^2$	$2,2 * 10^{-5} \ kg \ m^2$
Spitzenkraft und Spitzenstrom des Linearmotors	40 N bei 4 A	25 N bei 2 A
Motor-Induktivität	12,5 mH	7 mH
Läufermasse	20 g	12 g
Hebelarm des Läufers	65,5 mm	43 mm
Maximale Winkelbeschleunigung	$8,7 * 10^3 \ rad/s^2$	$2,0 * 10^4 \ rad/s^2$
Winkelstellbereich	$\pm 1°$	$\pm 1°$
Theoretische Winkelauflösung	$\pm 1,2 \ \mu rad$	$\pm 1,2 \ \mu rad$
Tatsächlich erreichte Winkelauflösung	$\pm 4,5 \ \mu rad$	$\pm 4,5 \ \mu rad$
Niedrigste mechanische Eigenfrequenz	ca. 750 Hz	ca. 1,4 kHz

Tabelle 5.5:   Technische Daten der realisierten Korrekturspiegeleinheiten

5.3 Lageregelung der Korrekturspiegeleinheiten

5.3.1 Regelungstechnisches Modell der Spiegelantriebe

Für den Entwurf und die Parametrierung einer Lageregelungseinrichtung, mit der die in Abschnitt 4.2.1 aufgestellten Anforderungen an die Lageregelungsbandbreite der Spiegelantriebe erfüllt werden können, werden zunächst die regelungstechnischen Modelle der Regelstrecke benötigt. Die Regelstrecke besteht dabei aus den beiden Subsystemen "Stromregelkreis" und "Spiegelantrieb", deren Blockschaltbilder in den Bildern 5.23 und 5.25 dargestellt sind.

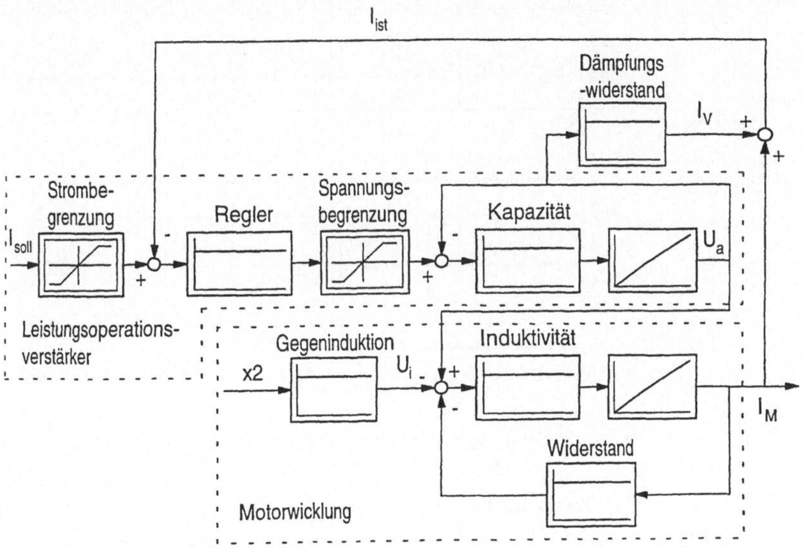

Bild 5.23: Blockschaltbild des Stromregelkreises eines Spiegelantriebs

Da die interne Verstärkung des als Stelleinrichtung verwendeten Leistungsoperationsverstärkers und dessen Ausgangskapazität nicht genau bekannt sind, erfolgt die Identifikation der Parameter des Stromreglers durch Angleichung des simulierten Übertragungsverhaltens des Modells nach Bild 5.23 an das gemessene Übertragungsverhalten des Stromregelkreises. Aufgrund des kapazitiven Verhaltens des Verstärkerausgangs ergibt sich

eine schwach gedämpfte Resonanzfrequenz des Stromregelkreises bei ca. 9 kHz. Dieses
für die Lageregelung ungünstige Verhalten des Stromregelkreises läßt sich auf einfache
Weise beseitigen, indem parallel zur induktiven Last der Motorwicklung ein Dämpfungswiderstand eingefügt wird, dessen ohmscher Widerstand gleich groß ist wie der
induktive Blindwiderstand der Motorwicklung bei der Resonanzfrequenz. Der Strom
durch den Dämpfungswiderstand fließt dabei ebenfalls über die Strommeßeinrichtung.
Durch diese Maßnahme läßt sich das gut gedämpfte Übertragungsverhalten des Stromregelkreises erzielen, das in Bild 5.24 dem simulierten Übertragungsverhalten des identifizierten Modells des Stromregelkreises gegenübergestellt ist.

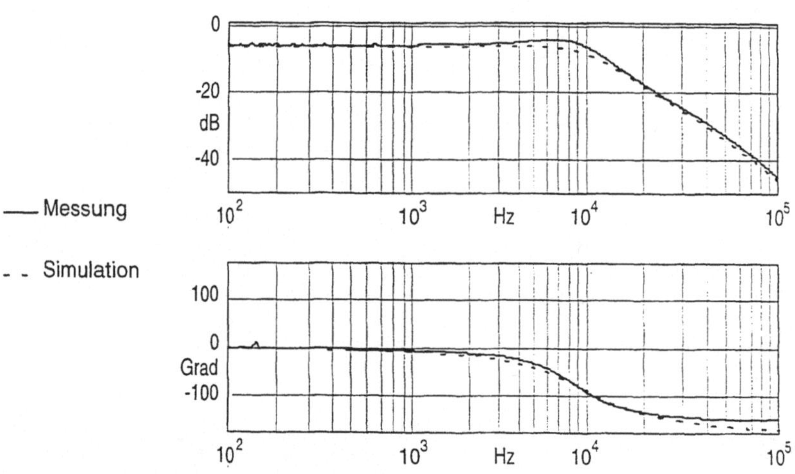

Bild 5.24: Gemessenes und simuliertes Übertragungsverhalten des Stromregelkreises

Zur Identifikation der Parameter des Spiegelantriebs, dessen vereinfachtes Blockschaltbild in Bild 5.25 dargestellt ist, sind mit Ausnahme des Massenträgheitsmoments, das
am einfachsten aus den Abmessungen des Spiegelkörpers berechnet wird, experimentelle
Untersuchungen erforderlich. Die statischen Kenngrößen des Antriebs, die Drehmomentkonstante und das proportional zur Auslenkung wirkende Reluktanzmoment, wurden mit Hilfe einer einachsigen Versuchsanordnung ermittelt (/76/). Die Eigenschaften
der Linearmotoren wurden dabei in zwei verschiedenen Einbaulagen - senkrecht und
parallel zur Lagerachse - untersucht. Die Untersuchungen ergaben, daß sich das Reluktanzmoment in einer zweiachsigen Korrekturspiegeleinheit aus zwei Anteilen zusam-

mensetzt. Der erste Anteil des Reluktanzmoments entsteht durch die Wicklungsnutung des Stators und wirkt der Auslenkung des Läufers aus der Mitte des Stators entgegen. Der zweite Anteil des Reluktanzmoments entsteht durch die kinematisch gekoppelte Verkippung des Läufers des jeweils anderen Spiegelantriebs gegenüber seinem Stator. Infolge der von der Luftspaltdicke abhängigen Verteilung der Anziehungskräfte zwischen Läufer und Stator ergibt sich ein Drehmoment, das in Richtung der Auslenkung wirkt und gegenüber dem ersten Anteil überwiegt. Aus diesem Grund wirkt das aus der Summe der beiden Anteile resultierende Reluktanzmoment in Richtung der Auslenkung aus der als Nullposition definierten Mittelstellung des Läufers.

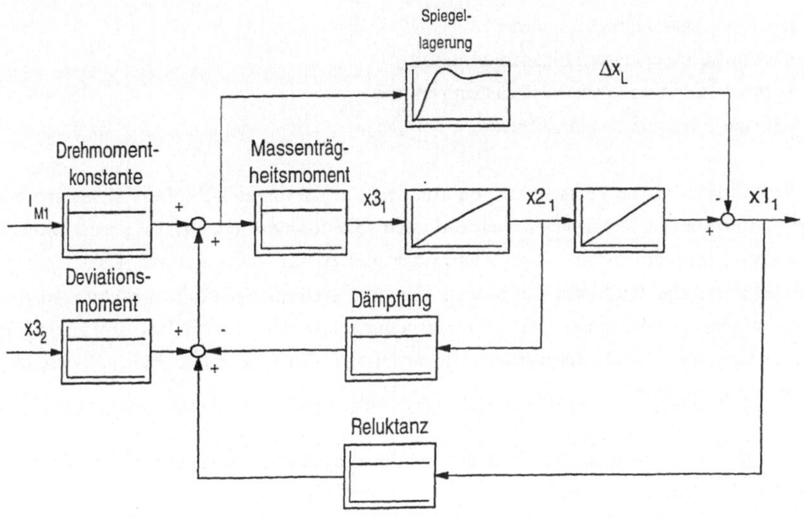

<u>Bild 5.25</u>: Vereinfachtes Blockschaltbild eines Spiegelantriebs

Die Dämpfung des Spiegelantriebs sowie die mechanischen Eigenfrequenzen der Spiegellagerung lassen sich mit Hilfe von Frequenzgangmessungen bestimmen. Im Falle der ersten Version der Korrekturspiegeleinheiten verhält sich die Spiegellagerung wie ein Mehrmassenschwinger mit drei schwach gedämpften Eigenfrequenzen bei ca. 750 Hz, 800 Hz und 950 Hz. Für die Modellierung des dynamischen Verhaltens der Spiegellagerung ist es jedoch wegen der schwierigen Identifizierbarkeit der verteilten Massen, Federsteifigkeiten und Dämpfungen des Mehrmassenschwingsystems einfacher, die Spiegellagerung näherungsweise als ein Einmassenschwingsystem zu beschreiben, das

die dominierende Eigenfrequenz des Mehrmassenschwingers repräsentiert. Diese vereinfachte Modellierung der Spiegellagerung reicht aus, um deren prinzipiellen Einfluß auf
die erreichbare Lageregelungsbandbreite aufzuzeigen und um die Wirkung von Gegenmaßnahmen simulativ untersuchen zu können.

5.3.2 Lageregeleinrichtung

Die bei den Korrekturspiegeleinheiten vorliegenden Gegebenheiten wie

- geringes Massenträgheitsmoment,
- sehr hohe mechanische Eigenfrequenzen,
- vernachlässigbare statische Belastungen und
- geringe dynamische Störmomente

stellen nahezu ideale Voraussetzungen für den Einsatz von elektrischen Direktantrieben
dar. Unter diesen Bedingungen werden nach /52/ für die Lageregelung von Direktantriebssystemen am vorteilhaftesten Zustandsregler zweiter Ordnung bzw. Kaskadenregler
mit proportional wirkenden Lage- und Geschwindigkeitsreglern eingesetzt. Aufgrund
des geringen Realisierungs- und Inbetriebnahmeaufwands ist es dabei am günstigsten,
die Ist-Geschwindigkeit des Antriebs durch Differentiation nach der Zeit aus dem Lagesignal zu gewinnen.

<u>Bild 5.26</u> zeigt das Blockschaltbild der beiden Lageregelkreise einer Korrekturspiegeleinheit, die eine solche Reglerstruktur aufweisen. Da die Antriebsachsen nicht mit den
Hauptträgheitsachsen des Spiegelkörpers zusammenfallen, ergibt sich die in <u>Bild 5.25</u>
und <u>Bild 5.26</u> dargestellte dynamische Kopplung der beiden Spiegelantriebe aufgrund
von Deviationsmomenten. Dabei bewirkt die Beschleunigung des einen Spiegelantriebs
ein Störmoment auf den zweiten. Die Störmomente sind jedoch relativ gering und wirken sich daher nur schwach auf das Positionierverhalten der beiden Spiegelantriebe aus,
so daß auf regelungstechnische Maßnahmen zur Entkopplung der beiden Spiegelantriebe
verzichtet werden kann.

Als Signalverarbeitungssysteme für die Realisierung der Lageregeleinrichtung kommen
grundsätzlich zeitdiskrete, digitale Signalverarbeitungssysteme oder zeitkontinuierliche,
analoge Signalverarbeitungssysteme in Betracht. Die Vor- und Nachteile von digitalen

und analogen Signalverarbeitungssystemen sind einander in <u>Tabelle 5.6</u> gegenübergestellt

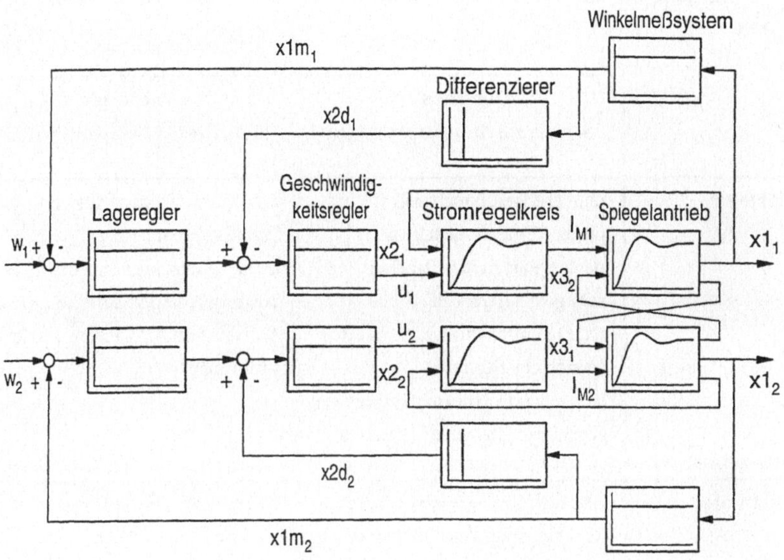

<u>Bild 5.26</u>: Blockschaltbild der beiden dynamisch gekoppelten Lageregelkreise einer Korrekturspiegeleinheit

Moderne Regeleinrichtungen für elektrische Vorschubantriebe werden aufgrund der in <u>Tabelle 5.6</u> aufgelisteten Vorteile heute fast ausschließlich als digitale Signalverarbeitungssysteme realisiert. Die dabei zum Einsatz kommenden Meßsysteme liefern in der Regel ebenfalls digitale Signale. Gegenüber Standardanwendungen von elektrischen Vorschubantrieben liegen jedoch bei den Korrekturspiegeleinheiten folgende Anforderungen und Randbedingungen vor, die für den Einsatz einer digitalen Regeleinrichtung ungünstig sind:

- Eine hohe Lageregelungsbandbreite ist bedingt durch sehr hohe Abtastfrequenzen und sehr kleine Rechentotzeiten.
- Die Integration der Lageregeleinrichtung in die Korrekturspiegeleinheit erfordert einen sehr kompakten Aufbau des gesamten Signalverarbeitungssystems.

- Bei der Verwendung eines analogen Winkelmeßsystems treten bei der Analog-Digital-
Umsetzung Quantisierungseffekte auf, die sich ungünstig auf die Verlustleistung und
Erwärmung des Antriebs auswirken und zu einer höheren Geräuschentwicklung füh-
ren.

	Digitales **Signalverarbeitungssystem**	**Analoges** **Signalverarbeitungssystem**
Vorteile	- einfache Realisierbarkeit kom- plexer Reglerstrukturen - genaue Parametrierbarkeit - sehr gute Linearität - nahezu unbeschränkter Werte- bereich der Signale - weitgehende Unempfindlichkeit gegenüber Umwelteinflüssen	- nahezu verzögerungsfreie Signalverarbeitung - keine Quantisierung der Signale - kostengünstiger und kompakter Aufbau von einfachen Regler- strukturen
Nachteile	- Abhängigkeit der erreichbaren Regelungsbandbreite von der Abtastfrequenz und der Rechen- totzeit - Quantisierungseffekte bei der Ein- und Ausgabe von Signalen - relativ hoher Hardwareaufwand für ein komplettes Signalverar- beitungssystem	- Begrenzter Wertebereich der Signale - Empfindlichkeit gegenüber Um- welteinflüssen (Temperaturdrift, elektromagnetische Störfelder) - Parameterunsicherheiten auf- grund von Bauteiltoleranzen

<u>Tabelle 5.6:</u> Gegenüberstellung der Vor- und Nachteile von digitalen und analogen
Signalverarbeitungssystemen

Die erreichbare Lageregelungsbandbreite der Korrekturspiegeleinheiten unter Verwendung einer digitalen Regeleinrichtung wurde mit einem schnellen Signalprozessorsystem
experimentell untersucht, das sich jedoch aufgrund seiner Abmessungen nicht für eine
Integration in die Korrekturspiegeleinheiten eignet. Bei diesen Untersuchungen konnte
vor allem aufgrund des zur Analog-Digital-Umsetzung erforderlichen Anti-Aliasing-
Filters sowie der Lagequantisierung und dem daraus resultierenden starken Quantisierungsrauschen bei der zeitdiskreten Differentiation des Geschwindigkeitssignals nur eine

unzureichende Lageregelungsbandbreite von ca. 160 Hz erreicht werden (/90/). Dieses Quantisierungsrauschen kann durch den Einsatz eines analogen Signalverarbeitungssystems als Lageregeleinrichtung vermieden werden. Hinzu kommt, daß sich die in Bild 5.26 dargestellte Struktur der Lage- und Geschwindigkeitsregeleinrichtung einschließlich der zeitkontinuierlichen Differentiation des Lagesignals sehr einfach und kompakt analogtechnisch realisieren läßt (/79/).

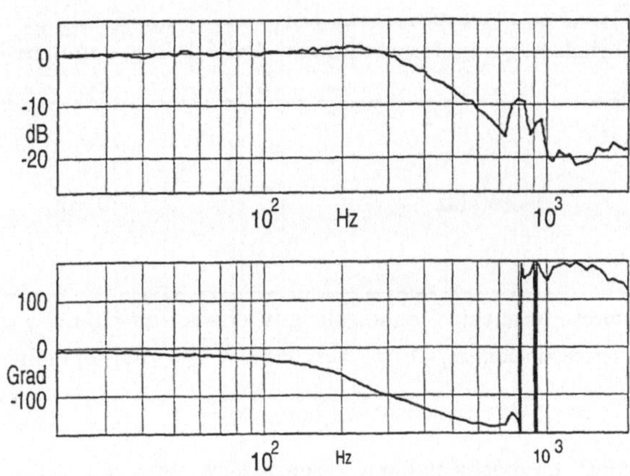

Bild 5.27: Gemessener Frequenzgang des Lageregelkreises eines Spiegelantriebs an einer Prototyp-Version der Korrekturspiegeleinheiten mit analoger Lageregeleinrichtung

Unter den gegebenen Voraussetzungen eines analogen Winkelmeßsystems sowie den in Abschnitt 4.2.1 definierten Anforderungen an die Lageregelungsbandbreite und an die Kompaktheit der in die Korrekturspiegeleinheit zu integrierenden Lageregeleinrichtung stellen analoge Signalverarbeitungssysteme die geeignetere Lösung zur Realisierung der Lageregeleinrichtung dar. Bild 5.27 zeigt anhand eines gemessenen Frequenzgangs die erreichte Lageregelungsbandbreite der ersten Version der Korrekturspiegeleinheiten mit einer analogen Lageregeleinrichtung. Als Bandbreite wird hier der Frequenzbereich bis zur Eckfrequenz des Lageregelkreises bezeichnet, die in Bild 5.27 bei ca. 300 Hz liegt. Der Lageregelkreis besitzt näherungsweise das Verhalten eines Verzögerungsglieds zweiter Ordnung mit einer Phasenverschiebung von -90° bei der Eckfrequenz. Deutlich zu erkennen sind in Bild 5.27 auch die Resonanzstellen der schwach gedämpften Eigenschwingungen der Spiegellagerung. Diese Resonanzstellen stellen eine wesentliche

Begrenzung für die erreichbare Lageregelungsbandbreite dar, da bei einer weiteren Erhöhung der Regelungsbandbreite bzw. der Reglerverstärkungen die mechanischen Eigenschwingungen der Spiegellagerung zunehmend stärker rückgekoppelt werden, bis sich schließlich Dauerschwingungen ausbilden. Da dieses Verhalten für den Betrieb der Korrekturspiegeleinheiten nicht hinnehmbar ist, werden im folgenden Abschnitt Maßnahmen zur Unterdrückung dieser Resonanzschwingungen diskutiert.

	Digitale Lageregeleinrichtung	**Analoge Lageregeleinrichtung**
Experimentell erreichte Lageregelungsbandbreite	160 Hz	300 Hz

Tabelle 5.7: Experimentell erreichte Lageregelungsbandbreite mit digitaler und analoger Lageregeleinrichtung (erste Version der Korrekturspiegeleinheit)

5.3.3 Unterdrückung von mechanischen Resonanzschwingungen

Wie aus dem Blockschaltbild des Spiegelantriebs in Bild 5.22 zu entnehmen ist, ergibt sich durch die Nachgiebigkeit der Spiegellagerung eine zusätzliche Kippung des Spiegels, die der Kippung durch den Spiegelantrieb überlagert ist. Mit Hilfe des Autokollimationsfernrohrs wird die Summe der beiden Kippungen gemessen, so daß die mechanischen Eigenschwingungen im Lage- und Geschwindigkeitsregelkreis rückgekoppelt und verstärkt werden. Da einer Erhöhung der Steifigkeit der Spiegellagerung physikalische Grenzen gesetzt sind, können solche Resonanzschwingungen durch konstruktive Maßnahmen nie vollständig ausgeschlossen werden. Zur Verminderung der Resonanzschwingungen können jedoch prinzipiell die beiden folgenden regelungstechnischen Verfahren angewendet werden (/63/):

- die aktive Dämpfung der mechanischen Eigenschwingungen durch den Regelkreis und
- die Unterdrückung der Rückkopplung der mechanischen Eigenschwingungen mit Hilfe von Bandsperrfiltern, die an die mechanischen Eigenfrequenzen angepaßt sind.

Eine aktive Dämpfung der mechanischen Eigenschwingungen bei elektromechanischen Vorschubantrieben ist mit Hilfe von Zustandsreglern unter Rückführung sämtlicher Zustandsgrößen der Regelstrecke möglich. Die Zustandsgrößen können dabei entweder gemessen oder mit Zustandsbeobachtern geschätzt werden. Um eine befriedigende Optimierung des Lageregelkreises erreichen zu können, muß die Eckfrequenz des Geschwindigkeitsregelkreises mindestens um den Faktor 3 größer sein, als die zu dämpfende mechanische Eigenfrequenz (/63/). Da im Falle der ersten Version der Korrekturspiegeleinheiten die mechanischen Eigenfrequenzen der Spiegellagerung zwischen 750 Hz und 950 Hz liegen, wäre für eine befriedigende Dämpfung der mechanischen Eigenfrequenzen eine unrealistisch hohe Bandbreite des geschwindigkeitsgeregelten Antriebs erforderlich. Desweiteren sind die Entwurfsmethoden für Zustandsregler für die aktive Dämpfung von mechanischen Systemen mit nur einer Eigenfrequenz ausgelegt. Eine aktive Dämpfung aller Eigenfrequenzen eines Mehrmassenschwingsystems, wie es im Falle der Spiegellagerung vorliegt, ist damit nicht möglich.

Dagegen ist mit Hilfe von Bandsperrfiltern die Unterdrückung der Rückkopplung mechanischer Eigenfrequenzen im Regelkreis ohne weiteres möglich, wenn die mechanischen Eigenfrequenzen deutlich oberhalb der Lageregelungsbandbreite liegen. Da diese Bedingung bei den Korrekturspiegeleinheiten erfüllt ist, stellt der Einsatz von Bandsperrfiltern zur Unterdrückung der mechanischen Resonanzschwingungen hier die einfachere und geeignetere Lösung dar. Vorteilhaft ist dabei auch, daß sämtliche der relativ eng beieinanderliegenden Eigenfrequenzen der Spiegellagerung durch ein einziges Sperrfilter mit entsprechend angepaßtem Sperrbereich unterdrückt werden können.

Für die erste Version der Korrekturspiegeleinheiten wurde ein aktives Doppel-T-Bandsperrfilter (/79/) mit einer Resonanzfrequenz von ca. 900 Hz realisiert, das zur Filterung der Stellgröße der Regeleinrichtung verwendet wurde. <u>Bild 5.28</u> zeigt zum Vergleich den gemessenen und den simulierten Frequenzgang des lagegeregelten Spiegelantriebs unter Einsatz dieses Bandsperrfilters. Wie zu erkennen ist, werden die mechanischen Resonanzschwingungen durch das Bandsperrfilter vollständig unterdrückt. Außerdem läßt sich die Eckfrequenz des Lageregelkreises gegenüber der Regeleinrichtung ohne Bandsperrfilter (<u>Bild 5.27</u>) auf knapp 500 Hz erhöhen. Da durch das Bandsperrfilter zusätzliche Zeitkonstanten in den Regelkreis eingeführt werden, erhöht sich jedoch die Systemordnung des Lageregelkreises auf ein System vierter Ordnung. Ein Vergleich zwischen <u>Bild 5.27</u> und <u>Bild 5.28</u> zeigt, daß der Phasenverlauf, der das Störverhalten des Lageregelkreises bestimmt, durch den Einsatz des Bandsperrfilters im interessierenden Frequenzbereich bis 50 Hz weder verbessert noch entscheidend verschlechtert wird. Die Reglerverstärkungen des Lage- und Geschwindigkeitsregelkreises mit Bandsperrfilter betragen ungefähr $K_V = 1100$ 1/s und $K_P = 2300$ 1/s.

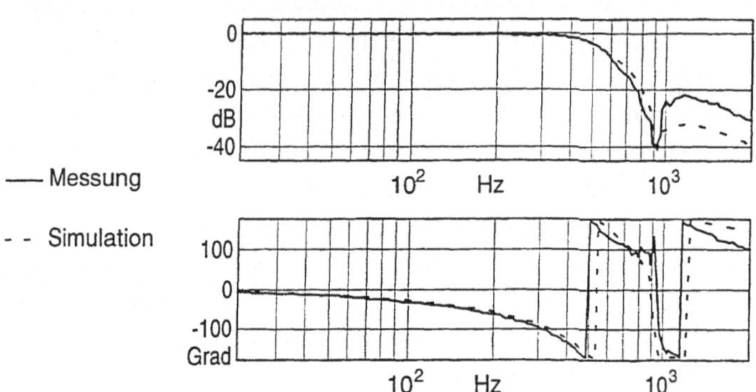

Bild 5.28: Gemessener und simulierter Frequenzgang eines lagegeregelten Spiegelantriebs mit Bandsperrfiltern zur Unterdrückung mechanischer Resonanzschwingungen (Erste Version der Korrekturspiegeleinheiten)

5.3.4 Stabilität des Lageregelkreises beim Überschreiten von Stellbegrenzungen

Ein Problem, das bei den experimentellen Untersuchungen der Korrekturspiegeleinheiten erkannt wurde, ist das Auftreten von Stellbegrenzungen im Regelkreis bei Sollwert- oder Störgrößenverläufen mit hoher zeitlicher Änderungsgeschwindigkeit. Aufgrund des Regelgesetzes:

$$u = K_P \cdot (K_V \cdot (w1 - x1) - x2) \tag{5.7}$$

treten dabei umso höhere Änderungen und Änderungsgeschwindigkeiten der Stellgröße auf, je höher die Verstärkungen K_V und K_P des Lage- und des Geschwindigkeitsreglers eingestellt sind. Wie in Bild 5.26 zu sehen ist, repräsentiert die Stellgröße des Reglers den Sollwert für den Strom, den die Stelleinrichtung dem Motor des Spiegelantriebs einprägen soll. Sowohl der maximale Strom, den die Stelleinrichtung liefern kann, als auch die maximale Stromanstiegsgeschwindigkeit ist begrenzt. Wird eine dieser beiden Begrenzungen erreicht, so verhält sich der gesamte Regelkreis nicht mehr linear, was prinzipiell dazu führen kann, daß sich der Regelkreis aufschwingt und instabil wird. Die Problematik der Auswirkungen von Stellbegrenzungen auf die Stabilität des Lageregelkreises wurde simulativ untersucht. Die in Bild 5.30a dargestellte Simulation der Antwort des Lageregelkreises auf einen Führungsgrößensprung zeigt, daß im vorliegenden Fall vor allem die Begrenzung der Stromanstiegsgeschwindigkeit bei sprungförmigen Sollwertverläufen zur Instabilität des Lageregelkreises führen kann. Die maximale Stromanstiegsgeschwindigkeit ist dabei durch die zur Verfügung stehende Zwischenkreisspannung der Stelleinrichtung und durch die Induktivität der Motorwicklung vorgegeben.

$$\left(\frac{dI}{dt}\right)_{max} = \frac{U_z}{L} \qquad\qquad (5.8)$$

U_z: Zwischenkreisspannung der Leistungsstelleinrichtung

L: Induktivität der Motorwicklung.

Ein Führungsgrößensprung führt aufgrund des Regelgesetzes (Gleichung 5.7) immer zu einer quasi unendlichen Änderungsgeschwindigkeit des Stromsollwerts und somit zu einer Überschreitung der Stromanstiegsbegrenzung. Nach einer solchen Überschreitung der Stromanstiegsbegrenzung verhält sich der Stromregelkreis nichtlinear und führt Grenzzyklen aus, die in Abhängigkeit von den Reglerverstärkungen und der Sprunghöhe der Führungsgröße entweder abklingende oder aufklingende Amplituden aufweisen. Im letzteren Fall, der in Bild 5.30a dargestellt ist, wird der gesamte Lageregelkreis instabil.

Die Höhe des Sollwertsprungs, der gerade noch nicht zur Instabilität des Lageregelkreises führt, wird umso kleiner, je höher die Verstärkungen des Lage- und Geschwindigkeitsregelkreises eingestellt werden. Das bedeutet, daß der Lageregelkreis bei einer Einstellung der Reglerparameter für eine möglichst hohe Regelungsbandbreite sehr empfindlich gegenüber sprungförmigen Sollwert- und Störgrößenverläufen wird. Während sich die Sollwerte durch geeignete Vorfilter so glätten lassen, daß sie keine Instabilität des Lageregelkreises hervorrufen, lassen sich sprungförmig auftretende Störgrößen nicht beeinflussen. Es besteht somit die Aufgabe, die Regeleinrichtung so zu modifizieren, daß auch bei hohen Reglerverstärkungen und Störgrößensprüngen das Erreichen der Stromanstiegsbegrenzung nicht zur Instabilität des Lageregelkreises führt.

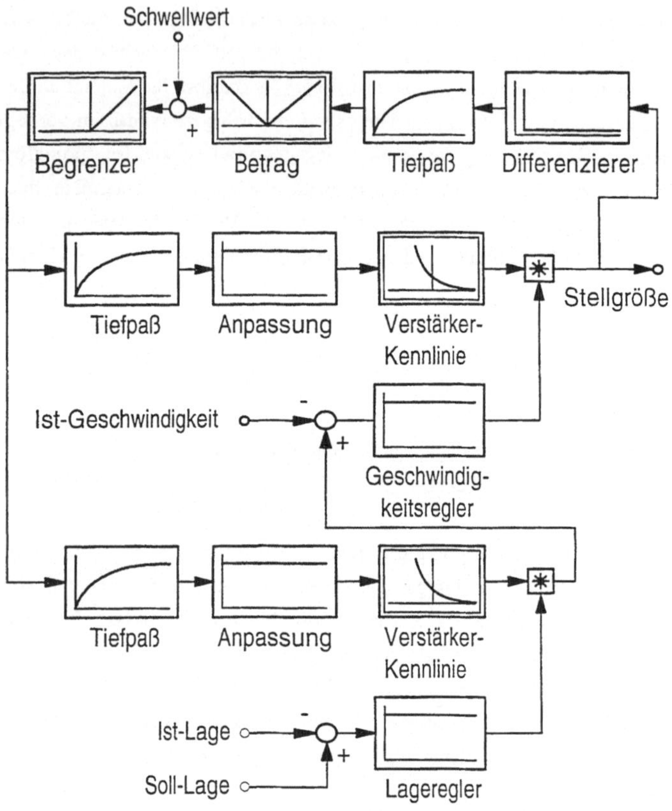

<u>Bild 5.29</u>: Blockschaltbild des nichtlinearen Lage- und Geschwindigkeitsreglers

Wegen der Abhängigkeit des Stabilitätsverhaltens des Lageregelkreises von den Reglerverstärkungen bietet sich zur Lösung dieses Problems der Einsatz einer nichtlinearen
Regeleinrichtung an. <u>Bild 5.29</u> zeigt das Blockschaltbild einer im Rahmen dieser Arbeit
entworfenen und untersuchten nichtlinearen Regeleinrichtung, deren Wirkungsweise
darauf beruht, daß beim Überschreiten der Stromanstiegsbegrenzung die Verstärkungen
des Lage- und des Geschwindigkeitsreglers stark reduziert werden. Für die Überwachung
der Stromanstiegsgeschwindigkeit wird dabei die Differentiation des Stellsignals heran-
gezogen. Die Reduktion der Reglerverstärkungen erfolgt nach einer logarithmischen
Kennlinie, was ein schnelles Ansprechen der Verstärkungsreduktion gewährleistet. Um

Schwingungen bzw. Grenzzyklen der Reglerverstärkungen zu vermeiden, muß der Verstärkungsreduktion ein Verzögerungsglied erster Ordnung mit einer Zeitkonstanten von 0,01s vorgeschaltet werden. Dieses Verzögerungsglied bewirkt zwar einerseits ein etwas verzögertes Ansprechen der Verstärkungsreduktion, andererseits gewährleistet das Verzögerungsglied einen langsameren Wiederanstieg der Reglerverstärkungen und verschafft den kaskadierten Regelkreisen dadurch die notwendige Zeit, die Regelabweichungen abzubauen und in den linearen Zustand zurückzukehren. Bild 5.30b zeigt die Simulation der Sprungantwort des Lageregelkreises mit nichtlinearem Regler bei der gleichen Sprunghöhe wie in Bild 5.30a. Simulative und experimentelle Untersuchungen ergaben, daß der Lageregelkreis durch den Einsatz des nichtlinearen Reglers auch bei deutlich größeren Sollwertsprüngen nicht mehr instabil wird.

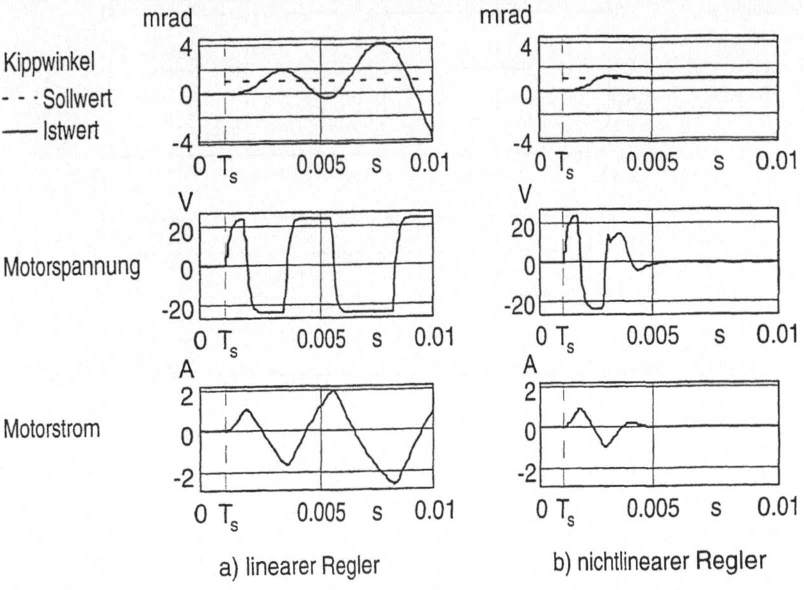

Bild 5.30: Simulation der Antworten des Lageregelkreises auf einen Führungsgrößensprung von 1 mrad zur Zeit T_S bei linearem und bei nichtlinearem Regler (erste Version der Korrekturspiegeleinheiten)

5.4 Experimentelle Ergebnisse und Bewertung der untersuchten Lageregeleinrichtung

Das experimentell ermittelte Frequenzverhalten des Lageregelkreises mit nichtlinearem Regler ist in Bild 5.31 dargestellt. Im Kleinsignalbereich zeigt sich kein Unterschied zwischen der nichtlinearen und der linearen Lageregeleinrichtung. Im Großsignalbereich wirkt sich die Nichtlinearität des Reglers in der Weise aus, daß ab der kritischen Frequenz, bei der die Stromanstiegsbegrenzung erreicht wird, ein Amplitudenabfall mit ca. 60 dB/Dekade und eine starke Drehung der Phase stattfindet. Unterhalb dieser kritischen Frequenz, die von der Amplitude des Kippwinkels abhängt, verhält sich der Regelkreis genau gleich wie im Kleinsignalbereich.

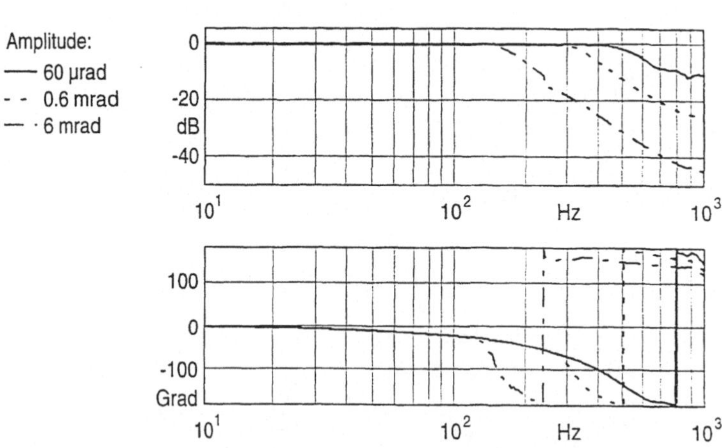

Bild 5.31: Gemessene Frequenzgänge eines lagegeregelten Spiegelantriebs mit nichtlinearem Regler bei verschiedenen Amplituden des Kippwinkels (erste Version der Korrekturspiegeleinheiten)

Während die Kleinsignalbandbreite des Lageregelkreises durch die mechanischen Eigenfrequenzen der Spiegellagerung bzw. durch die Zeitkonstanten der eingesetzten Bandsperrfilter begrenzt ist, ergibt sich die Begrenzung der Großsignalbandbreite durch die verfügbare Stromanstiegsgeschwindigkeit in der Motorwicklung und das Beschleunigungsvermögen des Spiegelantriebs. Bei einer sinusförmigen Bewegung mit der Kreisfrequenz ω und der Amplitude a ist die maximale Stromanstiegsgeschwindigkeit dann überschritten, wenn die Ungleichung 5.9 nicht erfüllt ist:

$$\frac{U_z}{L} \cdot \frac{K_T}{J_{ges}} \geq a \cdot \omega^3 \tag{5.9}$$

K_T: Drehmomentkonstante

J_{ges}:   Gesamt-Massenträgheitsmoment von Spiegel und Motor.

Aus Ungleichung 5.9 ist ersichtlich, daß zur Erzielung einer hohen Großsignalbandbreite bei einer vorgegebenen Amplitude die Zwischenkreisspannung der Leistungsstelleinrichtung und die Drehmomentkonstante des Antriebs möglichst groß sein müssen, während die Induktivität der Motorwicklung und das Gesamt-Massenträgheitsmoment möglichst klein zu halten sind.

Für das Erreichen einer großen Kleinsignalbandbreite sind trotz des Einsatzes von Bandsperrfiltern möglichst hohe und gut gedämpfte Eigenfrequenzen der Spiegellagerung erforderlich. Bild 5.32 zeigt am Beispiel des gemessenen Kleinsignalfrequenzgangs des lageregelten Spiegelantriebs der optimierten Version der Korrekturspiegeleinheiten, daß sich bei optimaler mechanischer und antriebstechnischer Auslegung der Korrekturspiegeleinheiten mit der untersuchten Lageregeleinrichtung sehr hohe Eckfrequenzen der Lageregelkreise von über 1 kHz erzielen lassen.

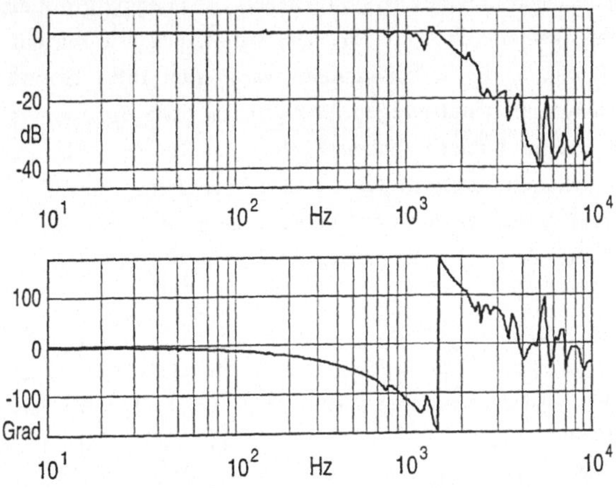

Bild 5.32: Gemessener Frequenzgang der optimierten Version der Korrekturspiegeleinheiten

6 Konzeption des Strahllagesensorsystems

6.1 Verfahren zur Strahllagemessung

Auf der Basis der in Abschnitt 4.2.2 definierten Anforderungen an das Strahllagesensorsystem sollen im folgenden die prinzipiellen Möglichkeiten zur Erfassung der Strahllage aufgezeigt und bewertet werden. Dabei sind zunächst zwei grundsätzliche Verfahren zu unterscheiden:

- die direkte Messung der Lage des Leistungslaserstrahls und
- die indirekte Messung der Lage des Leistungslaserstrahls mit Hilfe eines Pilotlaserstrahls.

Die direkte Messung des Leistungslaserstrahls besitzt den Vorteil, daß nicht nur die Übertragungsfehler des Strahlführungssystems sondern auch die thermisch bedingten Richtungsschwankungen der Strahlquelle erfaßt werden. Zur Messung der Position des Leistungslaserstrahls stehen sowohl Sensoreinrichtungen mit rotierenden Nadeln oder Speichenrädern zur Verfügung, die direkt im Strahlengang angeordnet werden, als auch Sensoreinrichtungen, die einen mittels eines Strahlteilers ausgekoppelten kleinen Anteil des Leistungslaserstrahls detektieren (/11, 35/). Die Sensoreinrichtungen auf der Basis von rotierenden Nadeln und Speichenrädern sind für die Ermittlung von Intensitätsverteilungen konzipiert und wegen ihrer geringen Meßgeschwindigkeit, ihres großen Bauvolumens und ihrer relativ hohen Kosten nicht für den Einsatz im hochdynamischen Strahllagekorrektursystem einer Laserbearbeitungsmaschine geeignet. Somit kommen für die Messung der Position und Richtung des Leistungslaserstrahls nur Kombinationen aus Strahlteilern und Sensoreinrichtungen in Frage, wie sie z. B. in /7, 36/ beschrieben sind.

Als kostengünstige Sensoren zur Strahllagemessung, die für die Wellenlänge des CO_2-Lasers geignet sind, können Thermosäulen oder phyroelektrische Detektoren verwendet werden (/35, 83/). Allerdings sind die erreichbaren Signalbandbreiten mit diesen Detektoren aufgrund der großen Zeitkonstanten von Thermosäulen bzw. der erforderlichen Zerhackung des Lichtstrahls durch einen Chopper bei Phyrodetetoren relativ stark begrenzt. Halbleiter-Photodetektoren, die eine Empfindlichkeit für die Wellenlänge des CO_2-Lasers und eine hohe Signalbandbreite aufweisen, wie z. B. Photowiderstände aus

HgCdTe, arbeiten meist nur bei kryogenen Temperaturen und sind verhältnismäßig teuer.

Wegen der erforderlichen Zusatzeinrichtungen zur Zerhackung des Lichtstahls bzw. zur Kühlung der Sensoren sind die Anforderungen an die Kompaktheit der Strahllagesensoreinrichtung bei der direkten Messung des Leistungslaserstrahls schwer zu erfüllen. Hinzu kommt, daß die Leistung des Bearbeitungslaserstrahls in weiten Bereichen variiert. Um ein Übersteuern der Sensoren zu verhindern muß ihre Empfindlichkeit an die maximale Laserleistung angepaßt werden. Bei einer Bearbeitung mit kleiner Laserleistung kann dieses zu einer Verschlechterung der Auflösung und Genauigkeit der Sensoranordnung führen. Problematisch ist außerdem, daß der Leistungslaserstrahl abgeschaltet ist, solange keine Bearbeitung stattfindet. Da die Strahllageregelung ohne Rückkopplung der Strahllage nicht funktionsfähig ist, muß diese zusammen mit dem Leistungslaserstrahl ein- und ausgeschaltet werden. Durch eine ausreichend genaue Justierung des Strahlführungssystems muß sichergestellt sein, daß sich in jeder Stellung der Maschine der Laserstrahl beim Einschalten der Strahllageregelung im Meßbereich der Strahllagesensoreinrichtung befindet. Nach dem Einschalten muß der Start der Bearbeitung solange verzögert werden, bis die Strahllage auf ihren Sollwert eingeschwungenen ist.

Bei der indirekten Messung der Lage des Leistungslaserstrahls mit Hilfe eines Pilotlaserstrahls können diese Probleme vermieden werden, da der leistungsschwache Pilotlaserstrahl ständig eingeschaltet sein darf. Pilotlaserstrahlen, deren Wellenlänge im sichtbaren Spektrum liegt, werden zum gegenwärtigen Stand der Technik häufig zur Justierung des Strahlführungssystems und für die Teach-in-Programmierung verwendet. Der Pilotlaserstrahl wird dabei über einen schaltbaren Spiegel alternativ zum Leistungslaser in das Strahlführungssystem eingeleitet. Im Gegensatz zu diesen herkömmlichen Systemen, bei denen der Leistungslaser- und der Pilotlaserstrahl nur abwechselnd durch das Strahlführungssystem geführt werden können, ist für eine kontinuierliche indirekte Messung der Strahllage während der Bearbeitung die gleichzeitige Anwesenheit beider Laserstrahlen notwendig. Die hierzu erforderliche koaxiale Überlagerung der beiden Laserstrahlen erfolgt mit Hilfe einer wellenlängenselektiven Optik. Als wellenlängenselektive Optiken eignen sich für diesen Zweck wegen ihrer guten Kühlbarkeit am besten reflektierende Beugungsgitter (Gitterspiegel).

Neben dem Vorteil der ständigen Präsenz des Pilotlaserstrahls für eine kontinuierliche Strahllageregelung besitzt die indirekte Strahllagemessung folgende weitere Vorteile:

- Für die Wellenlänge des Pilotlasers stehen preiswerte ortsauflösende Photodetektoren mit hoher Auflösung und Signalbandbreite zur Verfügung.
- Zum Aufbau der optischen Anordnungen für die Messung der Strahlposition und Strahlrichtung können kostengünstige Standardoptiken aus Glas verwendet werden.
- Der geringe Strahldurchmesser des Pilotlasers ermöglicht eine relativ kleine Apertur der Strahllagesensoreinrichtung und somit einen kompakten Aufbau.
- Der Pilotlaserstrahl kann sowohl mit konstanter als auch mit modulierter Leistung betrieben werden. Hierdurch ist eine optimale Anpassung der Empfindlichkeit der Photodetektoren bzw. eine Erhöhung der Auflösung durch Lock-in-Verstärkung möglich.

Nachteilig bei der indirekten Messung der Lage des Leistungslaserstrahls ist lediglich, daß nur die Übertragungsfehler der Strahlführung erfaßt werden, über die beide Laserstrahlen gemeinsam geführt werden, jedoch nicht die Richtungsschwankungen der Leistungslaserquelle. Zur Messung der Richtungsschwankungen der Leistungslaserquelle muß somit, sofern diese nicht tolerierbar sind, eine extra Strahllagesensoreinrichtung für den Leistungslaserstrahl verwendet werden, die in unmittelbarer Nähe der Leistungslaserquelle angebracht wird.

Aufgrund der Vorzüge der indirekten Messung der Lage des Leistungslaserstrahls wird dieses Verfahren für die Realisierung der Strahllagesensoreinrichtung von hochdynamischen Strahllagekorrektursystemen vorgeschlagen. Bild 6.1 zeigt den prinzipiellen Aufbau eines derartigen Strahllagekorrektursystems zur geregelten Korrektur von Strahlübertragungsfehlern bei einer beliebigen kinematischen Struktur. Die Überlagerung von Leistungs- und Pilotlaserstrahl erfolgt in unmittelbarer Nähe der Leistungslaserquelle mit Hilfe eines Gitterspiegels. Anschließend verlaufen die koaxial überlagerten Laserstrahlen gemeinsam durch das Strahlführungssystem und erfahren dabei die selben, durch die Eigenschaften des Strahlführungssytems verursachten Übertragungsfehler. Unmittelbar vor der Fokussieroptik wird ein Teil des Pilotlaserstrahls durch einen zweiten Gitterspiegel wieder vom Leistungslaserstrahl getrennt und der Strahllagesensoreinrichtung zugeführt. Bei diesem Verfahren muß der Gitterspiegel, der zur Überlagerung der beiden Laserstrahlen dient, in einer festen Position fixiert sein, um einen konstanten Verlauf der überlagerten Strahlen zu gewährleisten. Dagegen ist es möglich, bei dem Gitterspiegel, der zur Auskopplung des Pilotstrahls an der Strahllagesensoreinrichtung dient, diesen gleichzeitig als hochdynamischen Korrrekturspiegel zur Einstellung der Strahlrichtung zu nutzen und den **Korrekturspiegel** damit in nächster Nähe der Strahllagesensoreinrichtung anzuordnen (siehe Abschnitt 3.4.5). Die Abhängigkeit des gebeugten Meßstrahls und des reflektierten **Leistungslaserstrahls** von der **Winkellage** des Gitterspiegels muß in diesem Fall bei der **Auswertung** der Strahllage berücksichtigt werden (siehe Abschnitt 7).

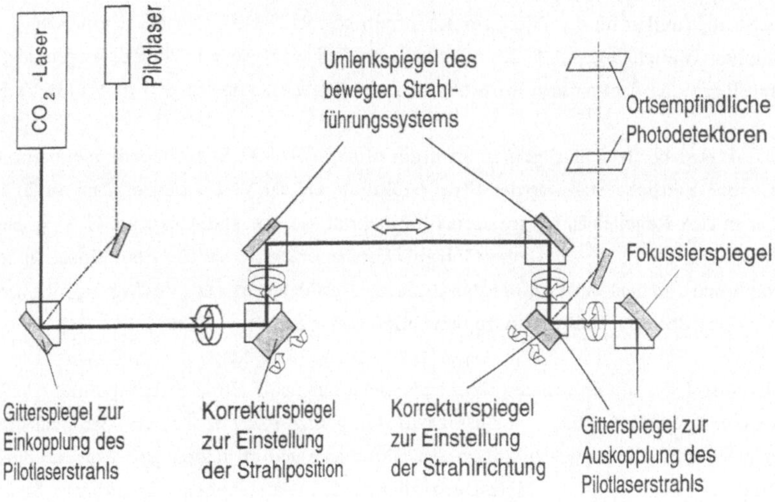

Bild 6.1: Prinzipdarstellung eines aktiven Strahlführungssystems zur geregelten Korrektur von Strahlübertragungsfehlern mit indirekter Strahllagemessung

6.2 Gestaltung und Realisierung eines Strahllagesensorsystems für die Strahllageerfassung mit Hilfe eines Pilotlaserstrahls

6.2.1 Pilotlaser-Strahlquelle

Die Eigenschaften der Pilotlaser-Strahlquelle sind in erheblichem Maße mitbestimmend für die Genauigkeit der Strahllagemessung. Aus diesem Grund werden an die Pilotlaser-Strahlquelle folgende Anforderungen gestellt:

- Der Schwerpunkt der Intensitätsverteilung im Strahlquerschnitt muß zeitlich möglichst konstant sein. Ein kreisrunder Strahlquerschnitt mit einer gaußförmigen Intensitätsverteilung ist dabei wünschenswert.
- Die Schwankungen der Strahlrichtung müssen möglichst klein sein.
- Die Wellenlänge des Pilotlaserstrahls muß zeitlich stabil sein, da der Beugungswinkel an den Gitterspiegeln von der Wellenlänge abhängt.

Als Strahlquellen für den Pilotlaser kommen sowohl HeNe-Laser (Helium-Neon-Laser) mit einer Wellenlänge von 632,8 nm als auch Halbleiterlaser mit Wellenlängen im sichtbaren Bereich oder im nahen Infrarot mit Laserleistungen von einigen mW in Betracht.

HeNe-Laser besitzen im allgemeinen auch ohne zusätzliche Stabilisierungseinrichtungen eine gute zeitliche Stabilität der Strahlrichtung und der Wellenlänge. Der Strahl weist dabei in der Regel einen kreisrunden Querschnitt und eine gaußförmige TEM_{00}-Intensitätsverteilung auf. Für sehr hohe Genauigkeitsansprüche, z. B. für den Einsatz in Interferometern, stehen wellenlängenstabilisierte Ausführungen zur Verfügung, die jedoch gegenüber der Standardausführung erheblich teurer sind.

Halbleiter-Laserdioden besitzen dagegen meist nur eine mäßige Strahlqualität. Die Vorteile von Laserdioden liegen vor allem in den geringen Abmessungen, der Realisierbarkeit unterschiedlicher Wellenlängen im Sichtbaren und im nahen Infrarot, der direkten Modulierbarkeit bis in den GHz-Bereich und den relativ hohen verfügbaren Strahlleistungen. Gewöhnlich besitzt der von Laserdioden emittierte Strahl einen elliptischen Querschnitt und eine Mulitimode-Intensitätsverteilung. In Abhängigkeit der Temperatur und der Strahlleistung treten zum Teil erhebliche Schwankungen der Strahlrichtung und der Wellenlänge auf. Bei hohen Ansprüchen an die Intensitätsverteilung, die Wellenlängenstabilität und die Strahllagestabilität müssen spezielle temperatur- und leistungsstabilisierte Typen von Laserdioden mit geeigneten Vorsatzoptiken verwendet werden, die jedoch einen ähnlich hohen Preis besitzen, wie stabilisierte HeNe-Laser.

Aufgrund der geringen Kosten und seiner günstigen Eigenschaften bezüglich der oben genannten Anforderungen wird als Pilotlaser die Standard-Ausführung eines HeNe-Lasers mit einer Strahlleistung von 2 mW ausgewählt. Zur Verringerung der Strahldivergenz und zur Erhöhung der Richtungsstabilität wird zusätzlich eine Vorsatzoptik zur siebenfachen Aufweitung des Strahls verwendet.

Die Richtungsstabilität der Pilotlaser-Strahlquelle des in Abschnitt 7 beschriebenen Versuchsaufbaus einschließlich Aufweitungsoptik wurde mit einem Strahlanalysesystem experimentell überprüft. Hierzu wurde die Intensitätsverteilung des Strahls in einem Meter Entfernung von der Strahlquelle mit einen CCD-Kamera gemessen und daraus mit Hilfe des Strahlanalysesystems der Intensitätsschwerpunkt ermittelt. Der Verlauf des Intensitätsschwerpunkts nach dem Einschalten des Lasers aus dem kalten Zustand wurde anschließend über den Abstand zwischen Kamera und Strahlquelle in eine Richtungsänderung umgerechnet. Die gesamte Richtungsänderung zwischen kaltem und warmem Betriebszustand beträgt ca. 59 μrad. Nach etwa 40 Minuten erreicht die Laserstrahlquelle einen stabilen Zustand der Strahlrichtung. Vor der Inbetriebnahme des Strahllagekorrektursystems sollte die Aufwärmzeit des Pilotlasers abgewartet werden. Diese kann erforderlichenfalls durch eine zusätzliche Beheizung des Pilotlasers verkürzt werden.

6.2.2 Gitterspiegel zur Überlagerung und Trennung von CO_2-Leistungslaserstrahl und HeNe-Pilotlaserstrahl

Als wellenlängenselektive Optik zur Überlagerung und Trennung des CO_2- und des HeNe-Laserstrahls wird aus Gründen der guten Kühlbarkeit und des hohen Reflexionsgrads für den CO_2-Laser eine reflektierende diffraktive Optik eingestetzt, die wegen der regelmäßigen Gitterstruktur ihrer Oberfläche in den weiteren Ausführungen als "Gitterspiegel" bezeichnet wird. Da an Umlenkspiegeln, die sich innerhalb von Laserbearbeitungsmaschinen befinden, in der Regel eine Strahlumlenkung um 90° stattfindet, wird der Gitterspiegel, der zur Überlagerung und Trennung des Leistungs- und des Pilotlaserstrahls verwendet wird, ebenfalls für eine Umlenkung des Leistungslaserstrahls von 90° ausgelegt. Der CO_2-Laserstrahl soll dabei vollständig in die nullte Ordnung gebeugt werden, was der Reflexion an einem ebenen Spiegel gleichkommt. Die Ein- und Ausfallsrichtungen des am Gitterspiegel gebeugten Pilotlaserstrahls werden durch die im folgenden beschriebene Dimensionierung der Gitterteilung festgelegt.

6.2.2.1 Dimensionierung der Gitterteilung

Die Strahlverläufe in der Einfallsebene des Gitterspiegels bei der Überlagerung der beiden Laserstrahlen sind in Bild 6.2 schematisch dargestellt. Für den CO_2-Laser sind der Einfallswinkel ε_1 von +45° und der Ausfallswinkel β_1 von -45° fest vorgegeben. Mit der

136

hierdurch festgelegten Vorzeichenkonvention erhält man zwischen dem Einfallswinkel ε und dem Ausfallswinkel β der gebeugten Laserstrahlen folgenden Zusammenhang (/88/):

$$-\sin\beta - \sin\varepsilon = \frac{m \cdot \lambda}{g} \tag{6.1}$$

m: Beugungsordnung (positive oder negative ganze Zahl)
λ: Wellenlänge
g: Gitterteilung.

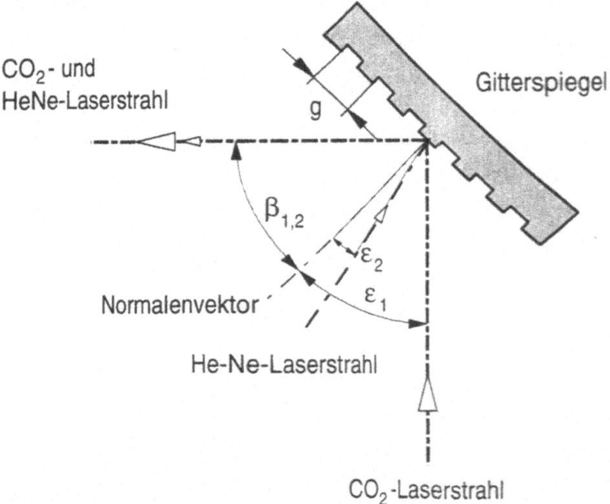

<u>Bild 6.2:</u> Strahlverläufe am Gitterspiegel bei der Überlagerung von CO$_2$- und HeNe-Laserstrahl

Unter der Bedingung, daß der Ausfallswinkel β_2 des gebeugten HeNe-Lasers gleich groß sein muß, wie der Ausfallswinkel β_1 des CO$_2$-Lasers, erhält man den zur koaxialen Überlagerung der beiden Laserstrahlen notwendigen Einfallswinkel ε_2 des HeNe-Lasers nach der Gleichung:

$$\varepsilon_2 = \arcsin\left(-\sin\beta_1 - \frac{m_{HeNe} \cdot \lambda_{HeNe}}{g}\right). \tag{6.2}$$

Aus Gleichung 6.2 ist zu entnehmen, daß der erforderliche Einfallswinkel des HeNe-Lasers sowohl durch die Wahl der Beugungsordnung als auch durch die Dimensionierung der Gitterteilung festgelegt werden kann. Weil in der Regel in den Beugungsordnungen 1 und -1 die höchsten Beugungseffizienzen erreicht werden, wird zur Überlagerung mit dem CO_2-Laserstrahl die erste Beugungsordnung des HeNe-Lasers verwendet. Da der Lichtweg stets umkehrbar ist, kann der gleiche Gitterspiegel auch dazu benutzt werden, die überlagerten Laserstrahlen wieder zu trennen. Gegenüber den in Bild 6.2 dargestellten Verhältnissen werden dabei nur die Ein- und Ausfallsrichtungen vertauscht und die Beugung des HeNe-Lasers erfolgt in die Ordnung -1.

Als freier Parameter zur Festlegung des Ein- bzw. Ausfallswinkels des HeNe-Laserstrahls verbleibt die Gitterteilung g. Bei der Dimensionierung der Gitterteilung g sind folgende Anforderungen zu berücksichtigen:

- Die Gitterteilung muß so klein gewählt werden, daß für den CO_2-Laser keine Beugungsordnungen außer der nullten Ordnung existieren.
- Der durch die Gitterteilung festgelegte Ein- bzw. Ausfallswinkel des HeNe-Lasers soll so gewählt werden, daß sich ein möglichst kleiner Überlappungsbereich mit dem CO_2-Laserstrahl vor der Überlagerung bzw. nach der Trennung ergibt.
- Die Gitterteilung sollte so gewählt werden, daß sich eine möglichst geringe Abhängigkeit des Beugungswinkels von der thermischen Längendehnung des Gitterspiegels ergibt.

Durch die Wahl einer Gitterteilung, die so klein ist, daß für den CO_2-Laser nur die nullte Ordnung existiert, wird sichergestellt, daß mit Ausnahme des am Gitterspiegel absorbierten Anteils die gesamte reflektierte Strahlleistung in diese Beugungsordnung gelenkt wird. Aus Gleichung 6.1 ergibt sich hierfür die Bedigung:

$$\left| -\sin\varepsilon_1 - \frac{m_{CO2} \cdot \lambda_{CO2}}{g} \right| > 1 \qquad \text{für} \quad m_{CO2} = \pm 1,\ \pm 2,\ \pm 3,\ \ldots \quad . \qquad (6.3)$$

Diese Bedigung ist genau dann erfüllt wenn für den Wert der Gitterteilung gilt:

$$g < \frac{\lambda_{CO2}}{1+\sin\varepsilon_1} = \frac{10{,}6\ \mu m}{1+\sin 45°} = 6{,}2\ \mu m. \qquad (6.4)$$

138

Das entspricht einer Furchendichte von

$$\frac{1}{g} = \frac{1}{6,2 \cdot 10^{-3}\ \text{mm}} = 161\ \frac{\text{Furchen}}{\text{mm}}.$$

Zum Erzielen einer geringen Überlappungslänge des HeNe-Laserstrahls und des CO_2-Laserstrahls vor der Überlagerung bzw. nach der Trennung muß der von den beiden Laserstrahlen eingeschlossene Winkel möglichst groß sein. Wie __Bild 6.3__ am Beispiel der Trennung der Laserstrahlen zeigt, ergibt eine Wahl des Beugungswinkels in -1. Ordnung von ca. 0°, d. h. senkrecht zur Gitteroberfläche, die geringste Überlappungslänge des ausgebeugten HeNe-Laserstrahls mit dem einfallenden und dem reflektierten CO_2-Laserstrahl. Eine geringe Überlappungslänge erlaubt dabei die **Anordnung** von Strahllagesensoren oder Umlenkspiegeln zur Faltung des Pilotlaserstrahls in relativ kurzem Abstand vom Gitterspiegel und ermöglicht so einen kompakten **Aufbau** der Gesamtanordnung aus Strahllagesensoreinrichtung und Gitterspiegel.

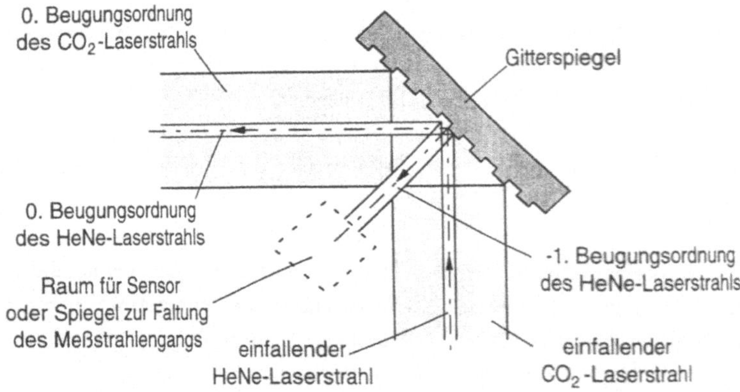

__Bild 6.3:__ Wahl des Beugungswinkels des HeNe-Lasers in -1. **Ordnung** für geringste Überlappungslänge mit dem CO_2-Laserstrahl

Die erforderliche Gitterteilung für einen zur Gitteroberfläche senkrechten Verlauf der minus ersten Beugungsordnung des HeNe-Lasers beträgt

$$g = \frac{-1 \cdot \lambda_{HeNe}}{-\sin\beta_2 - \sin\varepsilon_2} = \frac{-0,6328\ \mu m}{-\sin 0° - \sin(45°)} = 0,895\ \mu m \quad \text{bzw.} \quad \frac{1}{g} = 1117\ \frac{\text{Furchen}}{\text{mm}} \tag{6.5}$$

und ist damit mit der Bedingung in Ungleichung 6.4 verträglich.

Die Wahl der Gitterteilung bzw. der Furchendichte des Gitterspiegels beeinflußt in hohem Maße die Empfindlichkeit des Beugungswinkels gegenüber Temperaturschwankungen. Die Temperaturabhängigkeit des Beugungswinkels ergibt sich dabei aus der thermischen Längendehnung des Gitterspiegels und der damit verbundenen Änderung der Gitterteilung. In __Bild 6.4__ sind der Beugungswinkel des HeNe-Lasers in die -1. Ordnung (Verhältnisse beim Trennen der Laserstrahlen) und dessen Temperaturabhängigkeit bei verschiedenen Spiegelwerkstoffen als Funktion der Furchendichte aufgetragen. Hieraus ist ersichtlich, daß der unter geometrischen Gesichtspunkten vorteilhafte Beugungswinkel von 0° eine hohe Furchendichte und eine höhere Temperaturabhängigkeit des Beugungswinkels bedingt. Die Temperaturabhängigkeit des Beugungswinkels ist jedoch nicht nur proportional zur Furchendichte, sondern auch zum Längendehnungskoeffizienten des Spiegelwerkstoffs. Aus diesem Grund ergeben sich für Molybdän und Invarstahl deutlich geringere Temperaturabhängigkeiten als für das üblicherweise als Spiegelwerkstoff verwendete Kupfer. Für die Realisierung von Gitterspiegeln zur Überlagerung und Trennung des HeNe-Laserstrahls und des CO_2-Laserstrahls ist daher die Verwendung von Invarstahl in Verbindung mit einer reflexionserhöhenden dünnen Beschichtung und einer Mikrokanal-Wasserkühlung dicht unterhalb der Spiegeloberfläche zu empfehlen.

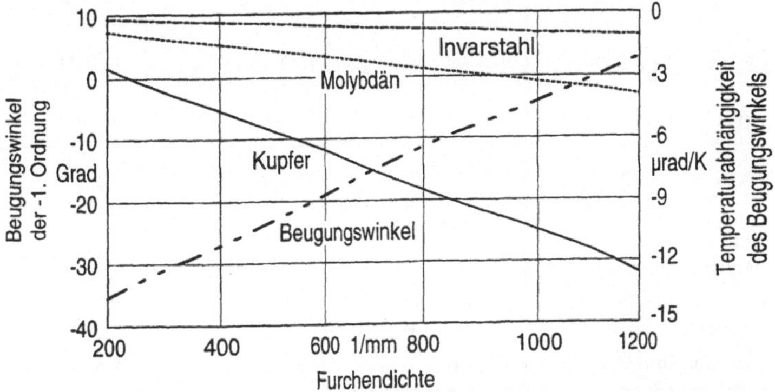

__Bild 6.4:__ Beugungswinkel und Temperaturabhängikeit des Beugungswinkels des HeNe-Lasers in -1. Ordnung für verschiedene Spiegelwerkstoffe als Funktion der Furchendichte

6.2.2.2 Wahl des Furchenprofils

Die polarisationsabhängige Verteilung der Laserleistung in die verschiedenen Beugungsordnungen des HeNe-Laserstrahls und das Absorptionsverhalten des Gitterspiegels gegenüber dem CO_2-Laser werden in entscheidendem Maße durch die Profilform der Gitterfurchen bestimmt. Die Eigenschaften bestimmter Profilformen lassen sich zum Beispiel nach den in /92/ beschriebenen Methoden der Elektrodynamik berechnen. Im folgenden werden die in <u>Tabelle 6.1</u> zusammengefaßten Ergebnisse der Auslegungsberechnung von drei verschiedenen Furchenprofilformen vorgestellt (/93/).

Furchendichte: 1200 1/mm Gitterteilung: 0,833 µm	**Rechteckprofil**	**Sinusprofil**	**Sägezahnprofil**
Profiltiefe [nm]	126	156	265
HeNe-Laser:			
Beugungseffizienz s-Pol. [%]	30,37	32,28	52,93
Beugungseffizienz p-Pol. [%]	39,30	32,60	62,90
Phasenverschiebung s-Pol. [°]	80,76	8,75	155,16
Phasenverschiebung p-Pol. [°]	-57,22	-156,01	4,01
Phasendifferenz - 180° [°]	42,02	15,24	28,85
CO_2-Laser:			
Reflexionsgrad in s-Pol. [%]	99,05	99,08	98,96
Reflexionsgrad in p-Pol. [%]	97,74	97,28	96,00

<u>Tabelle 6.1:</u>   Ergebnisse der Auslegungsberechnung für drei verschiedene Furchenprofilformen

Die in <u>Tabelle 6.1</u> aufgeführten Ergebnisse wurden für einen Gitterspiegel mit einer Standard-Furchendichte von 1200 Furchen/mm ermittelt, was einem Beugungswinkel der 1. Ordnung von ca. 3° entspricht. Den Berechnungen zur Auslegung des Beugungsgitters wurde der komplexe Brechungsindex von Kupfer zugrundegelegt, das wegen seiner guten optischen Eigenschaften und seiner Eignung für die direkte Herstellung der Gitterstruktur durch Ionenätzen als Werkstoff für die dünne, hochreflektierende Oberflächenschicht des Gitterspiegels verwendet wird.

Das oberste Ziel der Berechnungen war es, ein Furchenprofil zu bestimmen, das eine möglichst geringe Absorption des CO_2-Lasers in beiden Polarisationsrichtungen aufweist. Die Beugungseffizienz des HeNe-Lasers soll dabei aus folgenden Gründen für beide Polarisationsrichtungen in einem Bereich von 30% bis 60% liegen:

- Zur Messung von Verformungen einer Laserbearbeitungsmaschine muß die Lage des Pilotlaserstrahls eventuell an mehreren Stellen des Strahlengangs gemessen werden. Bei der Auskopplung des Pilotlaserstrahls an einem Gitterspiegel darf deshalb nur ein Teil der Strahlleistung in die -1. Ordnung gebeugt werden. Der Rest der Strahlleistung soll zum größten Teil in die 0. Ordnung gelenkt werden, so daß der Pilotlaserstrahl noch zur Strahllagemessung an nachfolgenden Strahllagesensoreinrichtungen zur Verfügung steht.
- Die Beugungseffizienz in die 1. Ordnung darf nicht zu gering gewählt werden, da sonst bei der Überlagerung der Laserstrahlen nur ein kleiner Anteil der von der Pilotlaser-Strahlquelle emittierten Strahlleistung dem Leistungslaser überlagert wird.

Neben den Beugungseffizienzen für parallele und senkrechte Polarisation des HeNe-Lasers wurden bei den Berechnungen auch deren Phasenverschiebungen ermittelt. Diese Größen bestimmen den Polarisationszustand des HeNe-Laserstrahls, der sich bei der Beugung aus dessen ursprünglich linear polarisierten Zustand ergibt, und beeinflussen damit die meßtechnische Auswertbarkeit der im Polarisationszustand des gebeugten Pilotlaserstrahls enthaltenen Richtungsinformation (siehe Abschnitt 6.2.4).

Bei der Auslegung des Furchenprofils wurden die drei in <u>Tabelle 6.1</u> aufgeführten Profilformen untersucht, wobei als freier Parameter zur Optimierung der Eigenschaften jeweils die Profiltiefe variiert wurde. Wegen der höchsten Reflexionsgrade und der einfacheren Herstellbarkeit wurde das Rechteckprofil für die Realisierung des Gitterspiegels ausg wählt. Experimentelle Untersuchungen des Absorptionsverhaltens gegenüber dem CO

Laser ergaben in guter Übereinstimmung mit den Berechnungsergebnissen Absorptionsgrade von 1,47% für die p-Polarisation und 0,68% für die s-Polarisation. Das Absorptionsverhalten des Gitterspiegels gegenüber dem CO_2-Laser ist somit nur geringfügig schlechter als das eines konventionellen Planspiegels aus Kupfer.

6.2.3 Sensoreinrichtung zur Messung der Strahlposition und Strahlrichtung

6.2.3.1 Ortsauflösende Photodetektoren

Prinzipiell stehen für die Messung der Strahlposition des Pilotlasers folgende Sensoren auf der Basis von Silizium zur Verfügung, die eine spektrale Empfindlichkeit vom Sichtbaren bis zum nahen Infrarot besitzen:

- CCD-Kameras,
- Quadranten-Photodioden und
- Lateraleffekt-Dioden.

CCD-Kameras besitzen eine sehr hohe Anzahl von Einzel-Detektorelementen, auch Pixel genannt, deren analoge Meßsignale bei jedem Meßzyklus ausgelesen und digitalisiert werden. Die Ermittlung des Intensitätsschwerpunkts des auftreffenden Laserstrahls erfolgt anschließend durch ein relativ aufwendiges digitales Bildverarbeitungssystem, das alle Pixelinformationen auswertet. Selbst beim Einsatz schneller Signalprozessoren sind die dabei erreichbaren Meßfrequenzen auf einige hundert Hertz begrenzt (/56/) und erfüllen somit nicht die Anforderungen an eine hohe Signalbandbreite der Strahllagesensorik. CCD-Kameras sind daher als Sensoren zur Strahllagemeßung in einem hochdynamischen Strahllagekorrektursystem nicht geeignet.

Sehr hohe Meßsignalbandbreiten können dagegen mit den in <u>**Bild 6.5**</u> dargestellten Lateraleffekt-Dioden und Quadranten-Photodioden erzielt werden, da aufgrund des einfachen Operationsprinzips dieser Sensoren zur Umwandlung der Photoströme in Positionssignale nur wenige Grund-Rechenoperationen erforderlich sind, die auch sehr gut mit Analog-Rechenschaltungen durchgeführt werden können. Neben der Einsparung von Rechenzeit besitzt die Verwendung von Analog-Rechenschaltungen dabei den Vorteil, daß pro Sensor anstatt vier Photoströmen nur zwei Positionssignale zur Verarbeitung im Strahllage-

143

korrektursystem digitalisiert werden müssen. Damit können zwei relativ teuere Analog-
Digital-Wandler und die zugehörigen Signalwandlungszeiten eingespart werden.

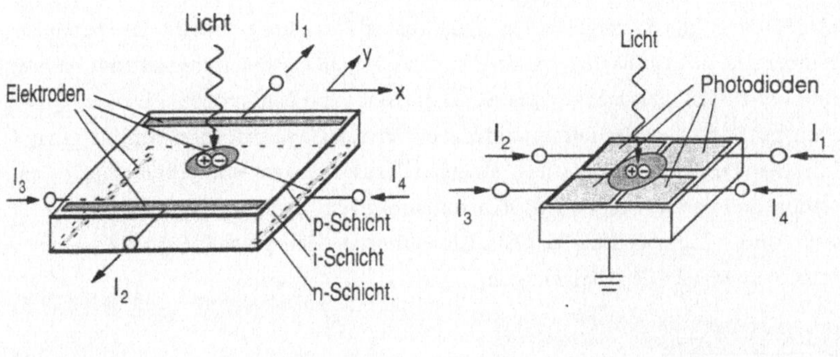

Bild 6.5: Bauformen ortsempfindlicher Photodioden zur zweidimensionalen Positionsmessung eines Lichtflecks

Der prinzipielle Aufbau einer Lateraleffekt-Diode, die auch als PSD (Position Sensitive
Diode) bezeichnet wird, ist in Bild 6.5a dargestellt. Die x- und y-Positionen des Intensitätsschwerpunkts des Strahls ergeben sich aus den Photoströmen an den Elektroden mit
den Bezeichnungen aus Bild 6.5a nach den Gleichungen:

$$x = \frac{|I_4| - |I_3|}{|I_3| + |I_4|} \quad , \tag{6.6}$$

$$y = \frac{|I_1| - |I_2|}{|I_1| + |I_2|} \quad . \tag{6.7}$$

Lateraleffekt-Dioden werden am Markt sowohl mit kristallinem Silizium als auch mit
amorphem Silizium als Substratmaterial angeboten. Ausführungen mit kristallinem Silizium erreichen unter günstigen Umständen rauschbegrenzte Ortsauflösungen unter 1 µm
und eine Linearität des Meßsignals von ca. 0,5 %. Während bei diesen Lateraleffekt-
Dioden die gesamte auftreffende Lichtleistung absorbiert oder reflektiert wird, lassen
sich bei Ausführungen mit amorphem Silizium auch transparente Lateraleffekt-Dioden
realisieren, die einen Teil des auftreffenden Lichtstrahls durchlassen. Diese amorphen

Typen weisen jedoch gegenüber den kristallinen eine um eine Größenordnung geringere Auflösung und eine schlechtere Linearität auf.

Bei der in Bild 6.5b dargestellten Quadranten-Photodiode erfolgt die Ermittlung der Position des Intensitätsschwerpunkts aus der Verteilung der Intensität auf die vier Einzel-Photodioden (Quadranten) des Sensors. Sind die Photoströme aller vier Quadranten gleich groß, so liegt der Intensitätsschwerpunkt des auftreffenden Strahls genau in der Mitte des Detektors. Infolge des geringen Rauschens der Photodioden läßt sich diese Position sehr genau bestimmen. Bei außermittigem Intensitätsschwerpunkt erhält man die x- und y-Komponenten der Strahlposition aus den gemäß Bild 6.5b bezeichneten Photoströmen nach den Gleichungen:

$$x = \frac{I_1 + I_4 - I_2 - I_3}{I_1 + I_4 + I_2 + I_3} \quad , \tag{6.8}$$

$$y = \frac{I_1 + I_2 - I_3 - I_4}{I_1 + I_4 + I_2 + I_3} \quad . \tag{6.9}$$

Der Meßbereich von Quadranten-Photodioden ist prinzipbedingt durch den Radius des auftreffenden Strahls begrenzt. Die Linearität der Positionsmessung ist dabei in hohem Maße abhängig von der Intensitätsverteilung im Strahl. Unter Voraussetzung einer gaußförmigen Intensitätsverteilung des Meßstrahls treten bei voller Ausnutzung des Meßbereichs relativ große Linearitätsabweichungen des Meßsignals von mehr als 15% auf. Die relativ preiswerten Quadranten-Photodioden eignen sich daher vorwiegend für Meßaufgaben, bei denen der Strahl in den Mittelpunkt des Sensors gebracht werden muß, wie z. B. bei der Justierung von Laserstrahlen zu einer mechanischen Achse.

Aufgrund ihrer günstigen Eigenschaften können mit Lateraleffekt-Dioden die in Abschnitt 4.2.2 definierten Anforderungen an die Strahllagesensoreinrichtung am besten erfüllt werden. Die Ermittlung der Strahlposition aus den Photoströmen (Gleichungen 6.6 und 6.7) erfolgt dabei aus den weiter oben genannten Gründen mit einer Analog-Rechenschaltung, die sich mit geringem Bauteileaufwand auf kleinem Raum realisieren läßt und daher in unmittelbarer Nähe des Sensors in das Gehäuse der Strahllagesensoreinrichtung integriert werden kann.

6.2.3.1 Optische Anordnungen zur Messung der Strahlposition und Strahl-richtung

Mit einer Lateraleffekt-Diode (PSD) läßt sich lediglich die Position des Meßlaserstrahls an einem bestimten Ort bestimmen. Da jedoch in der Strahllagesensoreinrichtung außerdem auch die Strahlrichtung ermittelt werden soll, müssen Meßanordnungen mit zwei PSD's verwendet werden, wie sie in Bild 6.6 dargestellt sind.

Die einfachste Anordnung zur Messung der Strahlposition und Strahlrichtung ist in Bild 6.6a zu sehen. In einem Abstand a sind hier zwei PSD's auf der optischen Achse der Strahllagesensoreinrichtung angeordnet, wobei die erste PSD transparent ist. Den Richtungsvektor $\underline{r}_s$ des Strahls erhält man aus der Differenz der x- und z-Komponenten der an den beiden PSD's gemessenen Strahlpositionen. Seine Darstellung im Sensorkoordinatensystem lautet somit:

$$\underline{r}_s = \begin{bmatrix} x_2 - x_1 \\ a \\ z_2 - z_1 \end{bmatrix} . \tag{6.10}$$

Nachteilig bei der Anordnung in Bild 6.6a ist, daß zumindest für die erste PSD eine transparente Ausführung aus amorphem Silizium verwendet werden muß. Diese Art von PSD's besitzt jedoch wie bereits erwähnt eine deutlich schlechtere Auflösung und Linearität als nichttransparente PSD's aus kristallinem Silizium. Um die Strahlrichtung in gleicher Weise wie in Bild 6.6a mit zwei nichttransparenten PSD's messen zu können, muß die in Bild 6.6b dargestellte Anordnung mit einem Strahlteiler verwendet werden. Der optische Abstand zwischen den beiden PSD's ergibt sich dabei aus der Differenz der in Bild 6.6b eingezeichneten Längen a_1 und a_2. Damit erhält man die Komponenten des Strahlrichtungsvektors nach der Gleichung:

$$\underline{r}_s = \begin{bmatrix} x_2 - x_1 \\ a_2 - a_1 \\ z_2 - z_1 \end{bmatrix} . \tag{6.11}$$

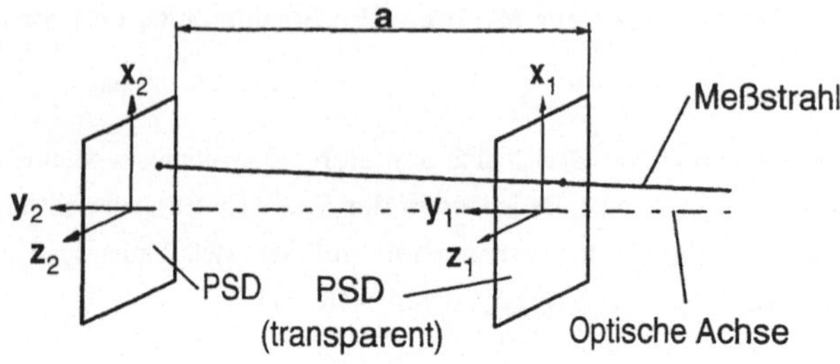

a) Messung von zwei Punkten mit in Strahlrichtung versetzten PSD's,
1. PSD transparent

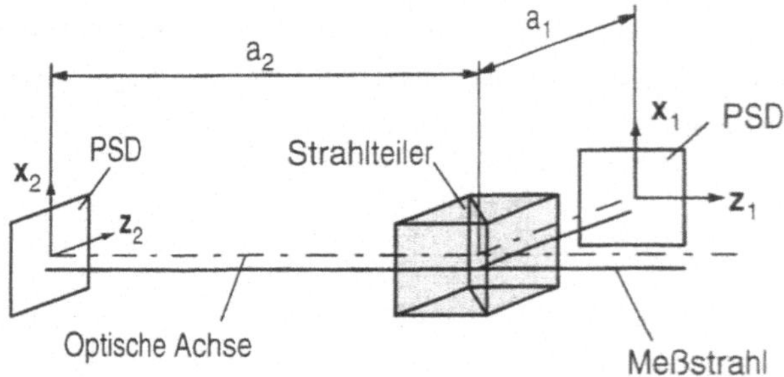

b) Messung von zwei Punkten mit in Strahlrichtung versetzten PSD's
und Strahlteiler

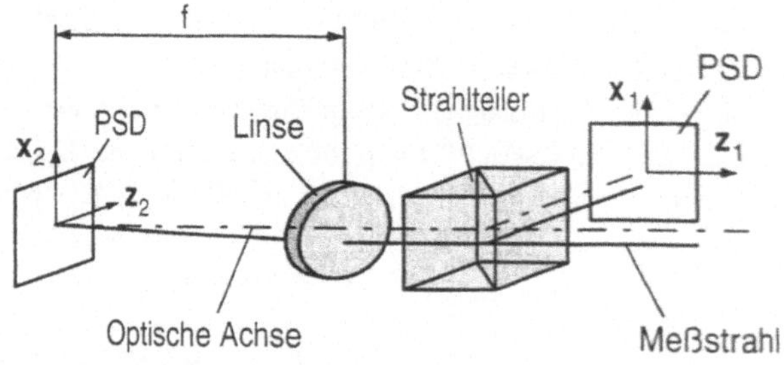

c) Messung der Strahlposition und der Fokusposition

<u>Bild 6.6:</u> Varianten optischer Anordnungen zur Messung der Strahlposition und der
Strahlrichtung

Bei den beiden Anordnungen in <u>Bild 6.6a</u> und in <u>Bild 6.6b</u> wird der Strahlrichtungsvektor aus den Meßwerten von zwei PSD's bestimmt. Infolgedessen addieren sich die Meßunsicherheiten beider PSD's, so daß die Messung der Strahlrichtung mit einer doppelt so großen Meßunsicherheit behaftet ist, wie die Messung der Strahlposition. Um diesen Nachteil zu vermeiden, kann die in <u>Bild 6.6c</u> dargestellte Meßanordnung eingesetzt werden. Bei dieser Meßanordnung erfolgt die Ermittlung der Strahlrichtung über die Messung der Position des fokussierten Strahls in der Brennebene einer Linse. Der Strahlrichtungsvektor ergibt sich dabei nach der Gleichung:

$$\underline{r}_s = \begin{bmatrix} x_2 \\ f \\ z_2 \end{bmatrix} \qquad f: \quad \text{Brennweite der Linse.} \tag{6.12}$$

Der Strahlrichtungsvektor wird somit nur aus den Meßwerten einer PSD ermittelt, während die zweite PSD zur Messung der Strahlposition dient.

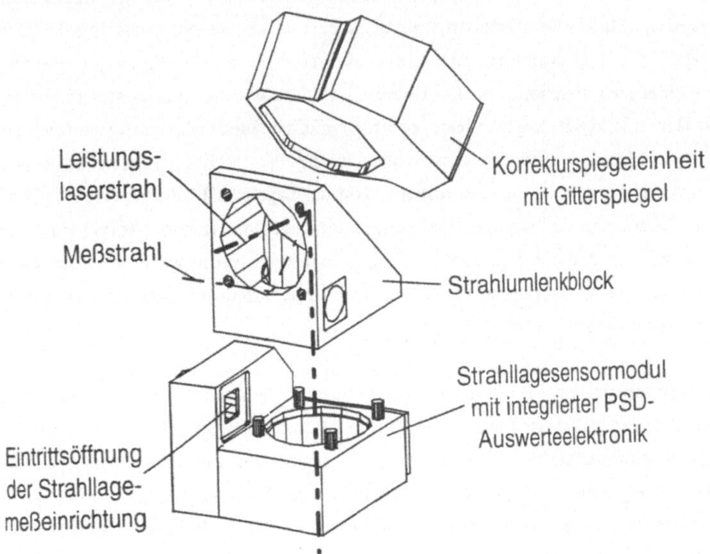

<u>Bild 6.7:</u> Anordnung der Strahllagesensoreinrichtung an einem Strahlumlenkblock

Aus den dargelegten Gründen stellt die Anordnung nach <u>Bild 6.6c</u> die geeignetste Lösung zum Aufbau einer Strahllagesensoreinrichtung für die Messung der Strahlrichtung und der Strahlposition dar. Für die Realisierung der Strahllagesensoreinrichtung wurden zwei PSD's mit einer aktiven Fläche von 10 x 10 mm^2 und eine Linse mit einer Brennweite von 200 mm verwendet. Damit erhält man bei einem Durchmesser des Pilotlaserstrahls von ca. 4 mm einen Meßbereich von ca. ± 3 mm für die Positionsmessung und ca. ± 20 mrad für die Richtungsmessung. Bei einer Positionsauflösung der PSD's von weniger als 1 µm ergibt sich eine Winkelauflösung von weniger als 5 µrad. Die Strahllagesensoreinrichtung wurde als modulare Einheit gestaltet, deren Anordnung an einem Strahlumlenkblock in der Explosionsdarstellung in <u>Bild 6.7</u> zu sehen ist.

6.2.4   Sensoreinrichtung zur Messung von Torsionsverformungen

Bei der optischen Messung von Torsionsverformungen an Laserbearbeitungsmaschinen müssen sehr kleine Drehwinkel um die Achse des Meßlaserstrahls mit hoher Auflösung erfaßt werden. Als Maßverkörperung wird dabei eine laterale Ausprägung des Meßlaserstrahls benötigt, deren Richtung mit einer geeigneten Sensorik detektiert werden kann. Hierfür eignet sich insbesondere die lineare Polarisation eines Laserstrahls, deren Richtung mit der in <u>Bild 6.8</u> dargestellten, relativ einfachen Meßanordnung bestimmt werden kann. Die Messung der Polarisationsrichtung ist dabei unabhängig von der Intensitätsverteilung im Strahlquerschnitt, von der Lage des Intensitätsschwerpunkts auf den Photodioden und von kleinen Richtungsänderungen des in die Meßanordnung eintretenden Strahls, so daß die Torsionswinkel vollkommen entkoppelt von den durch Biegung verursachten Verkippungen und lateralen Verschiebungen der Torsionsmeßeinrichtung gemessen werden.

Die polarisationsoptische Torsionsmeßeinrichtung besteht aus einer Meßlaserquelle mit nachgeschaltetem Polarisator auf der einen Seite und einer Anordnung aus einem polarisierenden Strahlteilerwürfel und zwei Photodioden auf der anderen Seite. In der Nullstellung des Meßsystems ist die Polarisationsebene des Meßlaserstrahls unter 45° geneigt zur Einfallsebene des polarisierenden Strahlteilers, so daß an beiden Photodioden gleiche Intensitäten herrschen. Die Auswertung der Photodiodensignale erfolgt mit einer Analog-Rechenschaltung, deren Blockschaltbild ebenfalls in <u>Bild 6.8</u> zu sehen ist.

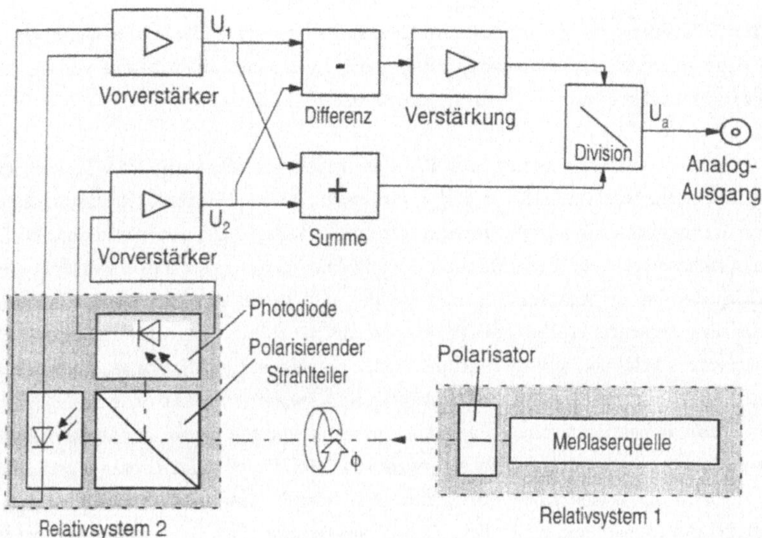

Bild 6.8: Funktionsprinzip der realisierten polarisationsoptischen Torsionsmeßeinrichtung

Gemäß Bild 6.8 ergibt sich das analoge Ausgangssignal der Rechenschaltung nach der Gleichung:

$$U_a = \frac{K \cdot (U_1 - U_2)}{U_1 + U_2} = \frac{K \cdot (\cos^2(\phi - \pi/4) - \sin^2(\phi - \pi/4))}{\cos^2(\phi - \pi/4) + \sin^2(\phi - \pi/4)} \qquad (6.13)$$

$$= K \cdot \cos(2\phi - \pi/2) = K \cdot \sin(2\phi)$$

Der Verstärkungsfaktor K dient dabei zur Anpassung des analogen Ausgangsspannungsbereichs von ± 10 V an den gewünschten Meßbereich der Torsionsmeßeinrichtung. Da der Meßbereich für die Messung von Torsionsverformungen relativ klein gewählt werden kann und der Sinus kleiner Winkel ungefähr gleich dem Winkel selbst ist, kann bei dieser Meßeinrichtung auf die Umrechnung des Meßsignals mit Hilfe einer Arcussinustabelle verzichtet werden.

Die Auflösung und Linearität der Torsionsmeßeinrichtung wurde bei einem Meßbereich von ca. ± 1,4° experimentell untersucht. Als Referenzmeßsystem wurde hierzu ein hochauflösender optischer Inkremental-Drehgeber verwendet. Die Untersuchungen ergaben eine maximale Linearitätsabweichung der Torsionsmeßeinrichtung von ca. 0,005° und eine rauschbegrenzte Auflösung von ca. 0,001° (17,5 µrad).

Bei einer zusätzlichen Nutzung des Pilotlaserstrahls zur Messung von Torsionsverformungen ist zu beachten, daß der Polarisationszustand des Pilotlaserstrahls an den optischen Komponenten des Strahlführungssystems verändert wird. An sämtlichen Planspiegeln, Gitterspiegeln und Grenzflächen-Strahlteilern, über die der Pilotlaserstrahl von der Strahlquelle bis zur Sensoreinrichtung geführt wird, treten unterschiedliche Reflexionsgrade und Phasenverschiebungen für die senkrechte und die parallele Komponente des elektrischen Feldstärkevektors bezüglich der jeweiligen Einfallsebene auf (siehe z. B. Tabelle 6.1). Infolgedessen wird der ursprünglich lineare Polarisationszustand des Pilotlaserstrahls in eine elliptische Polarisation transformiert und die in der linearen Polarisation enthaltene Richtungsinformation wird verfälscht. Unter bestimmten Vorraussetzungen können die hauptsächlich durch die Gitterspiegel verursachten Veränderungen des Polaristionszustands mit einer der Torsionsmeßeinrichtung vorgeschalteten optischen Anordnung so kompensiert werden, daß sich wieder die ursprüngliche lineare Polarisation ergibt (/94/). Dieses Verfahren ist jedoch sehr aufwendig und erfordert eine präzise Abstimmung der Kompensationseinrichtung.

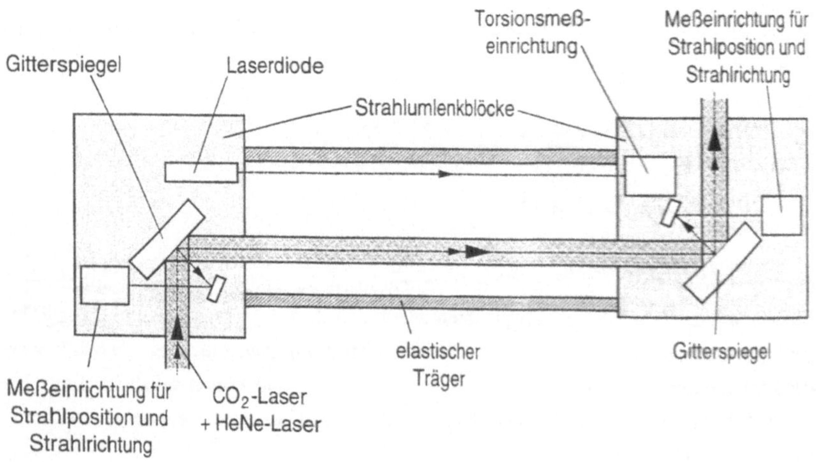

Bild 6.9: Anordnung der Torsionsmeßeinrichtung an einem elastischen Träger

Eine wesentlich günstigere Anordnung des Torsionsmeßsystems, bei der diese Probleme auf einfache Art vermieden werden, ist in Bild 6.9 zu sehen. Bild 6.9 zeigt einen schematisch dargestellten Ausschnitt aus dem Strahlführungssystem einer Laserbearbeitungsmaschine, in dem der Leistungs- und der Pilotlaserstrahl durch einen elastischen Träger geführt werden. Der Pilotlaserstrahl wird hier nur zur Erfassung von Strahlübertragungsfehlern und zur Ermittlung der Biegeverformungen des Trägers verwendet. Die Position und Richtung des Pilotlaserstrahls wird hierzu an beiden Enden des Trägers gemessen (vgl. Abschnitt 4). Zur Messung des Torsionswinkels des Trägers wird eine getrennte Meßeinrichtung mit einem zusätzlichen Meßlaserstrahl eingesetzt, der parallel zur Längsachse des Trägers verläuft. Dieser Meßlaserstrahl propagiert zwischen der Meßlaserquelle und der Sensoreinrichtung frei durch die Luft, so daß eine exakt lineare Polarisation des Strahls gewährleistet ist. Aufgrund der geringen Ansprüche des Torsionsmeßprinzips an die Eigenschaften des Meßlaserstrahls eignet sich als Meßlaserquelle ein kompaktes und kostengünstiges Laserdiodenmodul. Die Torsionsmeßeinrichtung kann je nach den vorliegenden Einbauverhältnissen auch relativ weit außerhalb der Drehachse, d. h. der Mittellinie des Trägers angeordnet werden, da die zu messenden Torsionswinkel klein sind und kleine laterale Verschiebungen des Meßstrahls die Torsionsmeßung nicht beeinflussen.

7 Aufbau eines beispielhaften Strahllagekorrektursystems

7.1 Beschreibung des Aufbaus des untersuchten Strahllagekorrektursystems

Das Zusammenwirken der konzipierten Korrekturspiegeleinheiten, der Strahllagemeßeinrichtung und der Strahllageregeleinrichtung wurden an einem beispielhaften Strahllagekorrektursystem untersucht, das in einen Versuchsaufbau mit einer einfachen Kinematik integriert wurde. Auf der Grundlage der kinematischen Verhältnisse an diesem
Versuchsaufbau wurden Rechenalgorithmen zur Regelung der Strahllage entwickelt und
deren Funktionsfähigkeit nachgewiesen. Die Regelung der Strahllage ist dabei in zwei
Betriebsarten möglich:

- Regelung der Strahllage bezüglich des Strahlaustritts am Strahlführungssystem,
- Regelung der Strahllage in Bezug zum ortsfesten Gestell des Versuchsaufbaus (Weltkoordinatensystem).

Die erste Betriebsart wird dort eingesetzt, wo es auf die Lage des Strahls relativ zur optischen Achse des Strahlführungssystems ankommt. Ein Beispiel hierfür ist die freie
Strahlübertragung von einer feststehenden Strahlquelle zu einem mobilen Laserroboter.
Die Strahllageregelung wird hierbei benötigt, um am Eintritt in das Strahlführungssystem des mobilen Laserroboters unabhängig von dessen Positionsfehlern eine koaxiale
Lage des Strahls zur optischen Achse des Strahlführungssystems sicherzustellen. Die
zweite Betriebsart wird dagegen zur Korrektur der Auswirkungen mechanischer Verformungen von Laserbearbeitungsmaschinen auf die Lage des fokussierten Laserstrahls
gegenüber einem ruhenden Werkstück verwendet. Da diese Problematik häufig bei
Laserbearbeitungsmaschinen mit fliegender Optik auftritt, kommt der zweiten Betriebsart die größere Bedeutung zu.

<u>Bild 7.1</u> zeigt den mechanischen Aufbau des Versuchstands für die Untersuchung des
Strahllagekorrektursystems. Der Aufbau besitzt eine nachgiebige mechanische Struktur
in Form eines Schwenkarms mit innenliegender Strahlführung, der über einen lagegeregelten Antrieb positionierbar ist. Das Strahlführungssystem besteht aus zwei Korrekturspiegeleinheiten zur Umlenkung des Strahls und einer Strahllagesensoreinrichtung. Die
Korrekturspiegeleinheiten sind in der ersten Version nach Abschnitt 5.2 ausgeführt. Im
Inneren des Schwenkgelenks befindet sich die Korrekturspiegeleinheit a (<u>Bild 7.1</u>), die

über einen separaten Antrieb positionierbar ist, dessen Drehachse koaxial zur Gelenkachse des Schwenkarms liegt. Dieser kinematische Aufbau wurde gewählt, um mit der Versuchseinrichtung nicht nur die Strahllageregelung innerhalb eines Strahlführungssystems mit mechanisch gekoppelten Umlenkspiegeln untersuchen zu können, sondern auch den allgemeinen Fall der Strahlübertragung zwischen zwei unabhängig voneinander positionierbaren Systemen, wie z. B. bei der Strahlübertragung von einer feststehenden Strahlquelle zu einem mobilen Roboter. Die beiden Schwenkachsen werden synchron zueinander betrieben, wobei die Auswirkungen unterschiedlicher Schleppabstände und Positionsfehler der Achsen auf die Strahllage am Austritt des Strahlführungssystems durch die Strahllageregelung korrigiert werden. Am freien Ende des Schwenkarms, der eine relativ geringe Biegesteifigkeit besitzt (die mechanische Biegeeigenfrequenz liegt bei nur ca. 25 Hz), befindet sich die Korrekturspiegeleinheit b und die Strahllagesensoreinrichtung. Korrekturspiegeleinheit b enthält einen Gitterspiegel zur Auskopplung eines Teils des Pilotlaserstrahls, der der Strahllagesensoreinrichtung zugeführt wird. Als Pilotlaserstrahl wird ein HeNe-Laser verwendet.

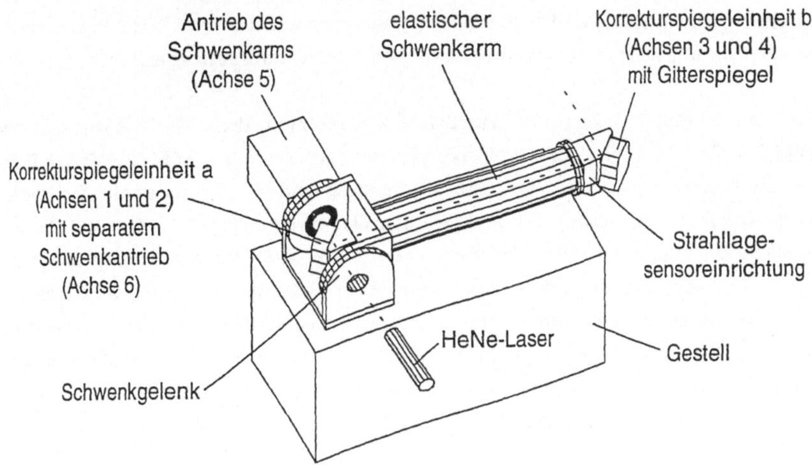

<u>Bild 7.1:</u> Mechanischer Aufbau des Versuchsstands zur experimentellen Untersuchung eines einfachen Strahllagekorrektursystems

Da der Versuchsaufbau nur zur Untersuchung des Regelverhaltens des Strahllagekorrektursystems konzipiert wurde, wird kein Leistungslaserstrahl benötigt. Aus diesem Grund kann der Pilotlaserstrahl hier auf direktem Weg in das Strahlführungssystem eingeleitet werden. Die Pilotlaser-Strahlquelle wurde hierzu am Gestell des Versuchsaufbaus befestigt und mit Hilfe einer speziellen Justiervorrichtung (/42/) so ausgerichtet, daß der Pilotlaserstrahl exakt in der Drehachse des Schwenkgelenks verläuft. Zur Messung der Torsionsverformungen des Schwenkarms ist die in Abschnitt 6.2.4 beschriebene Meßeinrichtung vorgesehen, die parallel zum Strahlführungssystem im Schwenkarm angeordnet wird.

Als Hardware-Basis für die Strahllageregeleinrichtung dient eine leistungsfähige Rechnerkarte mit einem Signalprozessor des Typs TMS 320C30 (/52, 95/). Der Einsatz dieses Signalprozessors besitzt den Vorteil, daß Multiplikationen, Additionen und Subtraktionen von Gleitkommazahlen innerhalb eines Prozessortakts ausgeführt werden, so daß die rechenintensiven Funktionen des zeitkritischen Strahllage-Regelalgorithmus schneller abgearbeitet werden können, als mit anderen Prozessoren. Über den lokalen Bus des Signalprozessors können Erweiterungskarten mit je vier Steckplätzen für Ein-Ausgabe-Module an die Signalprozessorkarte angeschlossen werden. Damit ist die Interface-Hardware, die für das Einlesen der Ist-Zustände und für die Ausgabe der Stellgrößen benötigt wird, entsprechend den jeweiligen Signalschnittstellen von Strahllagekorrektursystemen mit unterschiedlichem mechanischem Aufbau konfigurierbar.

Den Signalfluß zwischen den Hardware-Komponenten des Versuchsaufbaus zeigt <u>Bild 7.2</u>. Das Meßsignal der Torsionsmeßeinrichtung sowie die Meßsignale der Positionsdetektoren (PSD's) des Strahlagesensorsystems und die Meßsignale der Spiegelkippwinkel in den Achsen 1 bis 4 werden über zweikanalige 12-Bit-A/D-Wandler-Steckmodule eingelesen. Über den noch freien 12-Bit-A/D-Wandlerkanal wird ein analoges Sollwertsignal zur wahlweisen Vorgabe einer Komponente des Strahlpositions- oder des Strahlrichtungsvektors eingelesen. Die Erfassung der aktuellen Winkelpositionen des Schwenkarms (Achse 5) und des Schwenkantriebs an der Korrekturspiegeleinheit a (Achse 6) erfolgt mittels inkrementeller Winkelmeßsysteme, deren Impulse über ein zweikanaliges Inkrementalzähler-Steckmodul erfaßt und aufaddiert werden.

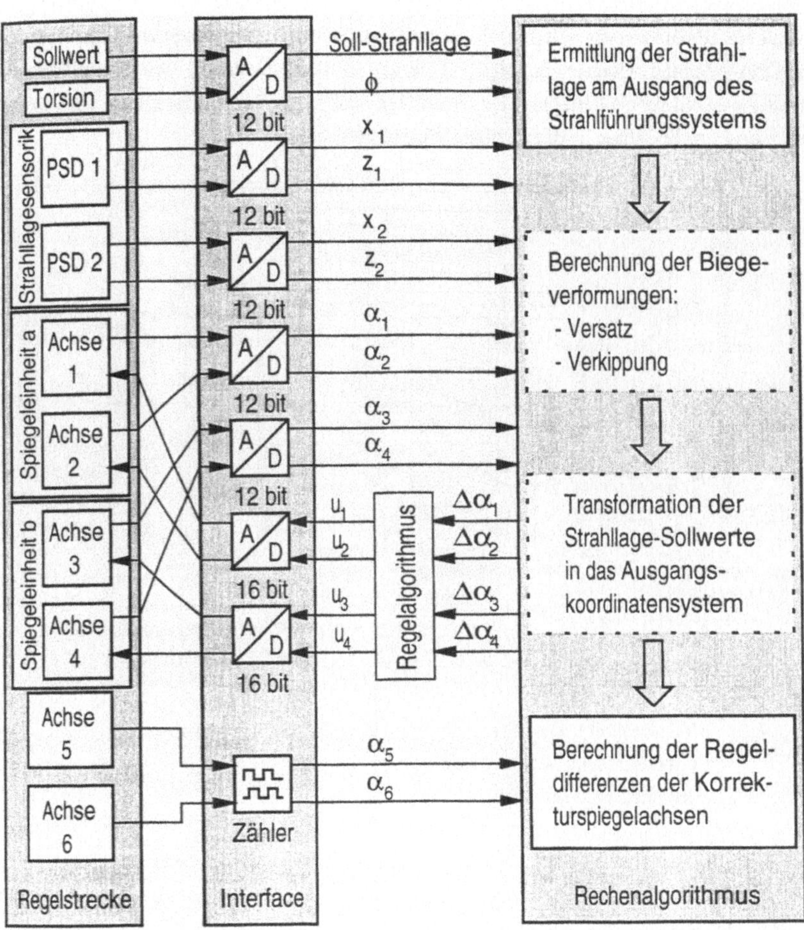

Bild 7.2: **Signalfluß zwischen den Hardware-Komponenten des Versuchsaufbaus**

Im Rechenalgorithmus für die Regelung der Strahllage, dessen Hauptfunktionen auf der rechten Seite von Bild 7.2 zu sehen sind, werden die eingelesenen Signale verarbeitet. Die gestrichelt umrandeten Funktionen werden dabei nur abgearbeitet, wenn die Strahllage in Bezug zum ortsfesten Weltkoordinatensystem geregelt wird. Nach der Bestimmung der Winkelabweichungen der Korrekturspiegelachsen (Achsen 1 bis 4) aus der ermittelten Strahllageabweichung werden mit einem PI-Regleralgorithmus die Winkelsollwerte für die lagegeregelten Spiegelantriebe als Stellgrößen berechnet und über 16-Bit-D/A-Wandler ausgegeben. Bild 7.3 zeigt das Blockschaltbild des Strahllageregelkreises sowohl für die Regelung der Strahllage relativ zum Strahlaustritt als auch für die Regelung der Strahllage in Bezug zum Weltkoordinatensystem.

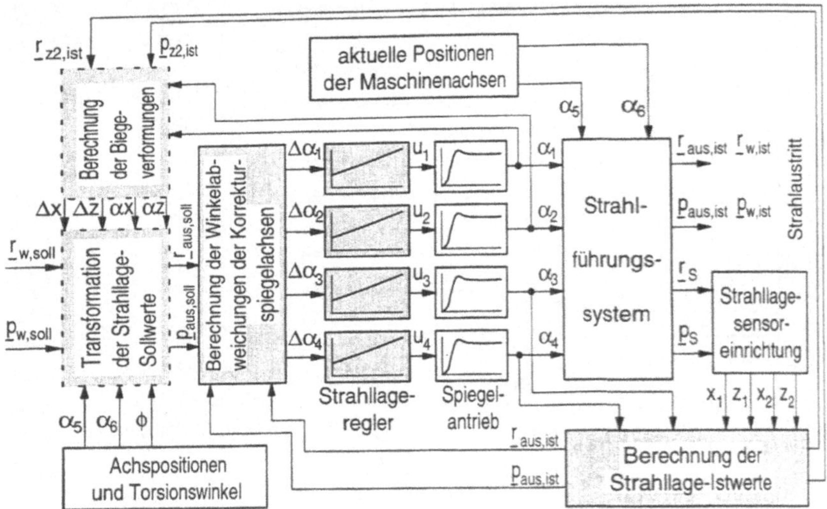

Bild 7.3: Blockschaltbild des Strahllageregelkreises. Die gestrichelt eingezeichneten Funktionsblöcke werden nur bei der Strahllageregelung in Bezug zum Weltkoordinatensystem benötigt.

Bei der Strahllageregelung relativ zum Strahlaustritt werden die beiden gestrichelt umrandeten Funktionsblöcke nicht abgearbeitet. In diesem Fall werden als Führungsgrößen direkt der Strahlrichtungsvektor $\underline{r}_{aus,soll}$ und der Strahlpositionsvektor $\underline{P}_{aus,soll}$ am Strahlaustritt vorgegeben. Dagegen werden bei der Strahllageregelung in Bezug zum Weltkoordinatensystem der Strahlrichtungsvektor $\underline{r}_{w,soll}$ und der Strahlpositionsvektor $\underline{P}_{w,soll}$ im ortsfesten Weltkoordinatensystem vorgegeben und anschließend unter Berücksichtigung des Schwenkwinkels und der Verformungen des Schwenkarms in das Austrittskoordinatensystem transformiert.

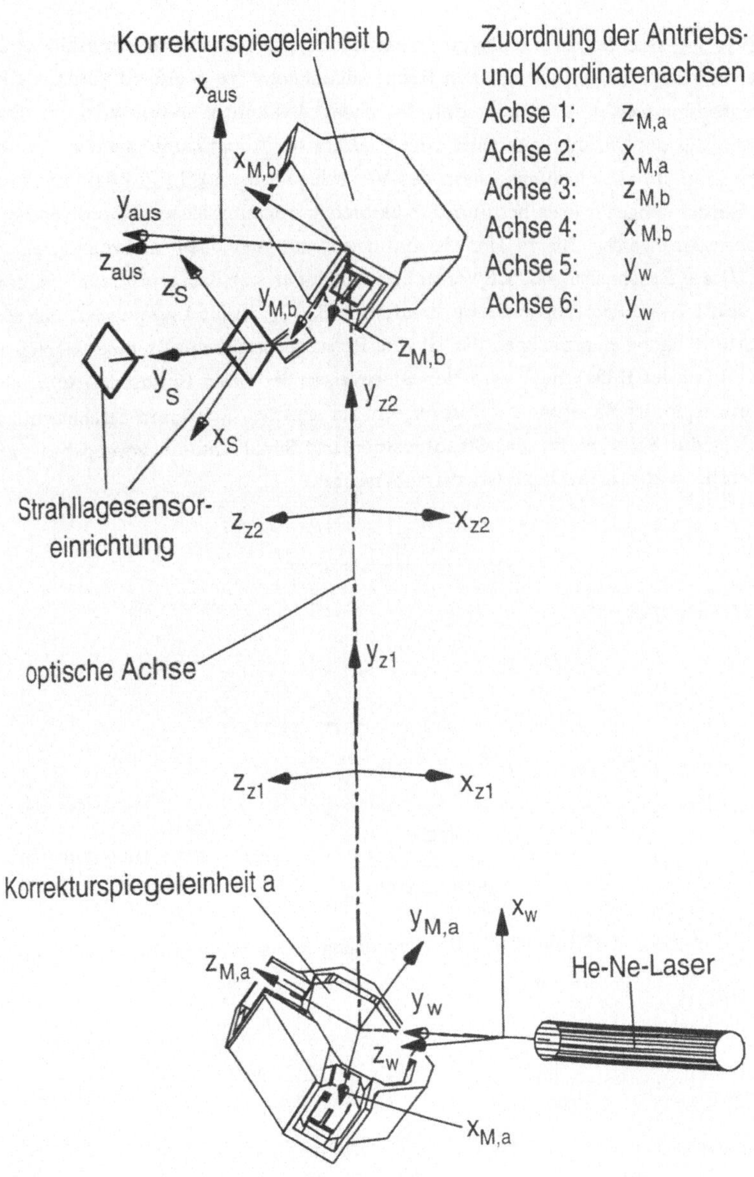

Bild 7.4: Lage der verwendeten Koordinatensysteme

In __Bild 7.3__ sind die zur Strahllageregeleinrichtung gehörenden Funktionsblöcke dunkel unterlegt dargestellt. Die komplexen Rechenalgorithmen, die in diesen Funktionsblöcken abgearbeitet werden, werden in den folgenden Abschnitten näher erläutert. Zur Beschreibung des Strahlverlaufs wird eine Vielzahl von Koordinatensystemen verwendet, deren Lage im Strahlführungssystem des Versuchsaufbaus in __Bild 7.4__ dargestellt ist. Bei den Berechnungen müssen bestimmte Vektoren in mehreren dieser Koordinatensysteme beschrieben werden. Hierzu sind Koordinatentransformationen notwendig, auf deren detaillierte Beschreibung jedoch verzichtet wird, da es sich dabei um relativ umfangreiche und triviale Rechenoperationen handelt. In __Bild 7.5__ ist die Lage zweier Hilfsebenen im Strahlengang eingezeichnet, die für die Berechnungen ebenfalls eine wichtige Rolle spielen: in der Hilfsebene 1 wird der Biegeversatz des freien Endes des Schwenkarms bestimmt, in der Hilfsebene 2, die senkrecht zur optischen Achse am Strahlaustritt steht, werden die Sollwerte für die Strahlposition und Strahlrichtung vorgegeben und die Differenzen zu den Strahllage-Istwerten berechnet.

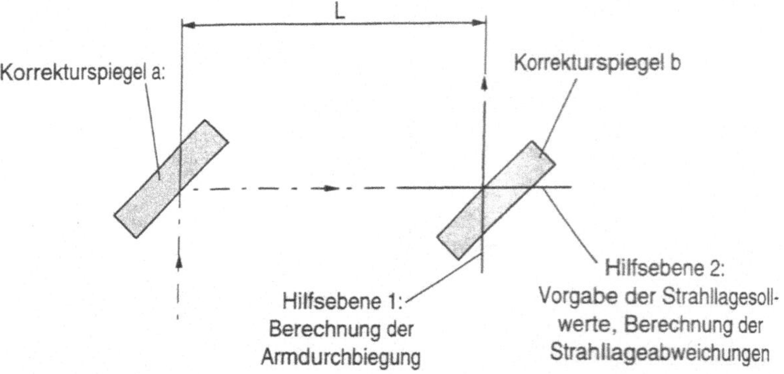

__Bild 7.5:__ Lage der Hilfsebenen zur Berechnung der Strahllageabweichung und der Armdurchbiegung

7.2   Rechenalgorithmen zur Regelung der Strahllage

7.2.1   Erfassung der Strahllage-Istwerte

Zur Berechnung der Strahllageabweichungen werden die Istwerte der Strahlposition und der Strahlrichtung in der Hilfsebene 2 benötigt. Gemessen wird die Strahllage im Sensorkoordinatensystem, dessen x- und z-Achsen mit den Meßrichtungen der beiden PSD's der Strahllagesensoreinrichtung identisch sind. Bild 7.6 zeigt die geometrischen Verhältnisse bei der Auskopplung des Meßstrahls am Gitterspiegel der Korrekturspiegeleinheit b und die Anordnung der Strahllagesensorik zum Gitterspiegel. In Bild 7.6 wurde aus Gründen der einfacheren Darstellung die Anordnung nach Bild 6.7a für die Strahllagesensoreinrichtung verwendet. Diese Vereinfachung besitzt für die nachfolgenden Betrachtungen keine Bedeutung, da die verwendeten Beziehungen in analoger Weise auch für die tatsächlich eingesetzte Strahllagesensoreinrichtung nach Bild 6.7c gelten

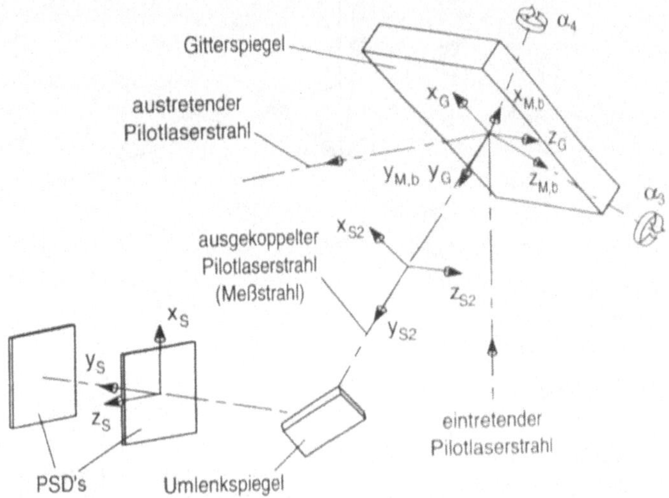

Bild 7.6: Geometrische Verhältnisse bei der Messung der Lage des an der Korrektur spiegeleinheit b ausgekoppelten Pilotlaserstrahls

Für die Berechnung der Ist-Strahllage in Hilfsebene 2 wird zunächst der im Sensorkoordinatensystem "S" (siehe Bild 7.6) beschriebene Strahlrichtungsvektor, der nach Gleichung 6.12 ermittelt wird, in das Koordinatensystem "M,b" der Spiegelantriebe an der Korrekturspiegeleinheit b transformiert. Die x-Achse des Koordinatensystems "M,b" fällt mit der Spiegelantriebsachse 4 und die z-Achse mit der Spiegelantriebsachse 3 zusammen. Die Transformationsvorschrift von "S" nach "M,b" setzt sich aus verschiedenen Elementardrehungen um feste Winkel und aus einer Spiegelung zusammen. Um aus der Richtung des am Gitterspiegel b in die -1.-Ordnung gebeugten Meßstrahls die Richtungen des einfallenden und des in die 0.-Ordnung reflektierten Strahls bestimmen zu können, muß der Strahlrichtungsvektor anschließend in das Koordinatensystem "G" des Gitterspiegels transformiert werden. Die Transformationsvorschrift ist hierbei abhängig von den aktuellen Spiegelkippwinkeln $\alpha3$ und $\alpha4$. Die Ausrichtung des Koordinatensystems des Gitterspiegels zu den Gitterfurchen und die darin geltenden vektoriellen Zusammenhänge zwischen den einzelnen Strahlrichtungsvektoren sind in Bild 7.7 veranschaulicht.

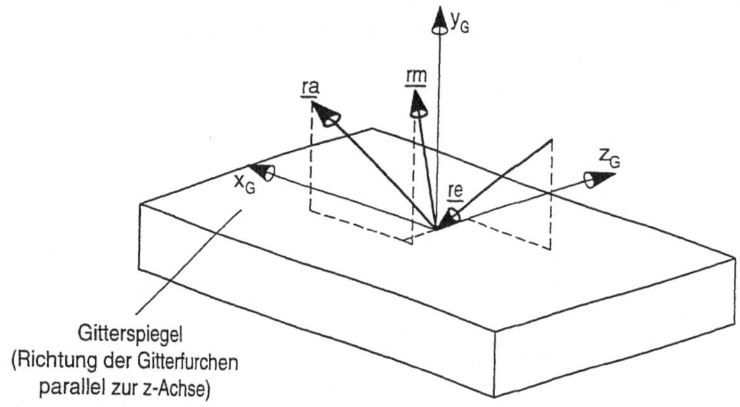

Bild 7.7: Vektorielle Zusammenhänge der Strahlrichtungen am Gitterspiegel

Im Koordinatensystem des Gitterspiegels lassen sich die Komponenten des Richtungsvektors re des einfallenden Strahls nach folgender Gleichung aus dem Richtungsvektor rm des Meßstrahls berechnen (/92/):

$$\underline{re} = \begin{bmatrix} re_x \\ re_y \\ re_z \end{bmatrix} = \begin{bmatrix} rm_x + \lambda / g \\ -\sqrt{(1 - rm_x^2 - rm_z^2)} \\ rm_z \end{bmatrix} . \tag{7.1}$$

Den Richtungsvektor $\underline{ra}$ des in die nullte Ordnung reflektierten Pilotlaserstrahls erhält man daraus nach der einfachen Beziehung:

$$\underline{ra} = \begin{bmatrix} ra_x \\ ra_y \\ ra_z \end{bmatrix} = \begin{bmatrix} re_x \\ -re_y \\ re_z \end{bmatrix} \quad . \tag{7.2}$$

Die berechneten Richtungsvektoren des einfallenden und des reflektierten Strahls werden anschließend in das Koordinatensystem der Spiegelantriebe zurücktransformiert. Von dort aus wird jeweils nach einer festen Transformationsvorschrift der Richtungsvektor $\underline{ra}$ in das Koordinatensystem "aus" am Strahlaustritt (siehe Bild 7.4) und der Richtungsvektor $\underline{re}$ in das Koordinatensystem "z2" transformiert. Die Bestimmung des Istwerts der Strahlrichtung in Hilfsebene 2 ist damit abgeschlossen. Die ebenfalls ermittelte Strahlrichtungsvektor des am Gitterspiegel b einfallenden Strahls im Koordinatensystem "z2" wird später bei der Berechnung der Biegewinkel des Schwenkarms benötigt.

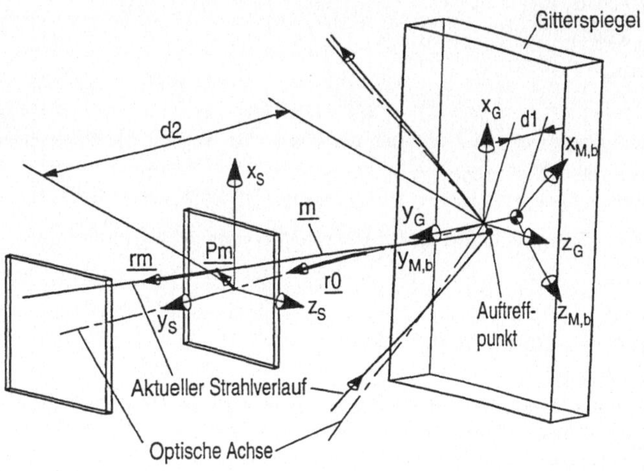

Bild 7.8: Geometrische Beziehungen zur Ermittlung der Strahlposition auf dem Gitterspiegel

Als nächstes wird die Strahlposition auf dem Gitterspiegel aus dem Verlauf des Meßstrahls berechnet. Hierzu muß der Verlauf des Meßstrahls als Gerade in vektorieller Punkt-Richtungs-Darstellung im Koordinatensystem "M,b" beschrieben werden. Bild 7.8

zeigt die geometrischen Beziehungen, die der Berechnung des Schnittpunkts zwischen Meßstrahl und Gitteroberfläche zugrunde liegen. Die Oberfläche des Gitterspiegels läßt sich im Koordinatensystem "M,b" als Ebene in der hesseschen Normalform mathematisch darstellen. Als erste Bedingung für den Auftreffpunkt des Meßstrahls auf dem Gitterspiegel, dessen Ortsvektor die Ebenengleichung erfüllen muß, erhält man damit:

$$\underline{nG} \cdot \underline{PG} = d1 \tag{7.3}$$

$\underline{nG}$:   Normalenvektor des Gitterspiegels

$\underline{PG}$:   Ortsvektor des Strahlauftreffpunkts auf dem Gitterspiegel

$d1$:   Abstand zwischen dem Schnittpunkt der Spiegelantriebsachsen und der Gitteroberfläche

Der Normalenvektor des Gitterspiegels besitzt im Koordinatensystem "M,b" die von den aktuellen Spiegelkippwinkeln abhängige Darstellung:

$$\underline{nG} = \begin{bmatrix} -\sin\alpha_3 \cdot \cos\alpha_4 \\ \cos\alpha_3 \cdot \cos\alpha_4 \\ \sin\alpha_4 \end{bmatrix} . \tag{7.4}$$

Für die Aufstellung der Geradengleichung des Meßstrahls werden die folgenden Größen im Koordinatensystem "M,b" benötigt:

- der Ortsvektor $\underline{PS0}$ des Nullpunkts der PSD zur Messung der Strahlposition,
- der Vektor $\underline{Pm}$, der die Position des Meßstrahls auf der PSD bezüglich ihres Nullpunkts beschreibt,
- der Richtungsvektor $\underline{rm}$ des Meßstrahls.

Der Ortsvektor $\underline{PS0}$ ist eine konstante Größe und ergibt sich nach der Gleichung

$$\underline{PS0} = \begin{bmatrix} 0 \\ d1 \\ 0 \end{bmatrix} + d2 \cdot \underline{r0} \tag{7.5}$$

aus dem Richtungsvektor $\underline{r0}$ der optischen Achse der Strahllagesensoreinrichtung im Koordinatensystem "M,b" und den beiden Abständen $d1$ und $d2$ (siehe Bild 7.8). Der

Richtungsvektor $\underline{rm}$ des Meßstrahls und der Positionsvektor $\underline{Pm}$ werden im Sensorkoordinatensystem "S" gemessen und anschließend mit der bereits erwähnten Transformationsvorschrift in das Koordinatensystem "M,b" transformiert. Mit dem Parameter t lautet die vektorielle Darstellung der Geraden $\underline{m}$, die den Verlauf des Meßstrahls im Koordinatensystem "M,b" beschreibt:

$$\underline{m} = \underline{PS0} + \underline{Pm} + t \cdot \underline{rm} \; .$$
(7.6)

Da der Auftreffpunkt des Meßstrahls auf dem Gitterspiegel als zweite Bedingung die Geradengleichung 7.6 erfüllen muß, erhält man durch Einsetzen von 7.6 in 7.3 und anschließende Umformung die Bestimmungsgleichung für den Geradenparameter t_G des Auftreffpunkts.

$$t_G = \frac{d1 - (\underline{nG} \cdot (\underline{PS0} + \underline{Pm}))}{\underline{nG} \cdot \underline{rm}} \; .$$
(7.7)

Die Koordinaten des gesuchten Auftreffpunkts auf dem Gitterspiegel im Koordinatensystem "M,b" erhält man danach durch Einsetzen von 7.7 in 7.6 zu:

$$\underline{PG} = \underline{PS0} + \underline{Pm} + t_G \cdot \underline{rm} \; .$$
(7.8)

Der Ortsvektor $\underline{PG}$ des berechneten Auftreffpunkts wird anschließend in das Koordinatensystem "aus" am Strahlaustritt transformiert und unter Verwendung des weiter oben berechneten Strahlrichtungsvektors am Strahlaustritt in die Hilfsebene 2 projiziert. Damit ist die Bestimmung der Istwerte der Strahlposition und der Strahlrichtung in der Hilfsebene 2 abgeschlossen.

7.2.2 Berechnung der Winkelabweichungen der Korrekturspiegelantriebe

Sobald die Sollwerte und die Istwerte der Strahllage in der Hilfsebene 2 bekannt sind, können die Strahllageabweichungen berechnet werden. Aus den Strahllageabweichungen werden anschließend nach der im folgenden beschriebenen Vorgehensweise die korrespondierenden Winkelabweichungen der einzelnen Korrekturspiegelantriebe berechnet.

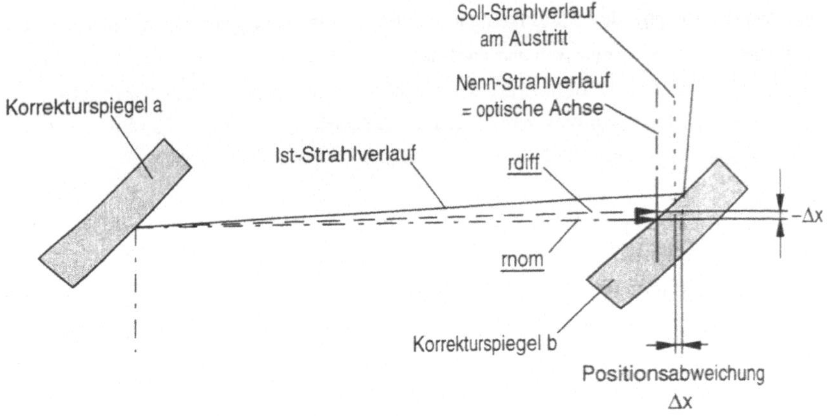

<u>Bild 7.9</u>: Konstruktion des Vektors <u>rdiff</u> zur Bestimmung der Stellwinkel für die Achsen 1 und 2 aus der ermittelten Abweichung der Strahlposition

<u>Bild 7.9</u> dient zur Veranschaulichung der Methode zur Bestimmung der Winkelabweichungen der Achsen 1 und 2. Aus der Differenz der Soll- und Istwerte der Strahlposition in Hilfsebene 2 ergeben sich die Positionsabweichungen Δx und Δz. Addiert man nun vektoriell die Strecken $-\Delta x$ und Δz in der Hilfsebene 1 zum Richtungsvektor <u>rnom</u> der nominellen Strahlrichtung (der optischen Achse), so erhält man den Vektor <u>rdiff</u>, der als Rechengröße für die Bestimmung der Winkelabweichungen $\Delta\alpha_1$ und $\Delta\alpha_2$ verwendet wird und näherungsweise die gleiche Länge L (vgl. <u>Bild 7.5</u>) besitzt, wie der Vektor <u>rnom</u>. Die Vektoren <u>rnom</u> und <u>rdiff</u> werden anschließend nach einer festen Transformationsvorschrift in das Koordinatensystem "M,a" der Spiegelantriebe an Korrekturspiegeleinheit a transformiert, wo sich die Winkelabweichungen $\Delta\alpha_1$ und $\Delta\alpha_2$ nach folgendem Ansatz berechnen lassen:

$$\underline{rdiff} = \begin{bmatrix} 1 & 0 & 0 \\ 0 & \cos(2\cdot\Delta\alpha_2) & -\sin(2\cdot\Delta\alpha_2) \\ 0 & \sin(2\cdot\Delta\alpha_2) & \cos(2\cdot\Delta\alpha_2) \end{bmatrix} \cdot \begin{bmatrix} \cos(2\cdot\Delta\alpha_1) & -\sin(2\cdot\Delta\alpha_1) & 0 \\ \sin(2\cdot\Delta\alpha_1) & \cos(2\cdot\Delta\alpha_1) & 0 \\ 0 & 0 & 1 \end{bmatrix} \cdot \underline{rnom}. \quad (7.9)$$

Die Drehungsmatrizen in Gleichung 7.9 entsprechen den Elementardrehungen um die Spiegelantriebsachsen 1 und 2, durch die der Vektor <u>rnom</u> in den Vektor <u>rdiff</u> übergeführt wird. Aufgrund des Reflexionsgesetzes sind die dabei zurückgelegten Winkel doppelt so groß wie die gesuchten Winkelabweichungen der Spiegelantriebsachsen.

Durch Ausmultiplizieren der Matrizengleichung und anschließenden Koeffizientenvergleich zwischen linker und rechter Seite lassen sich die Winkelabweichungen bestimmen. Da es sich bei den Winkelabweichungen um sehr kleine Winkel handelt, können die trigonometrischen Funktionen in Gleichung 7.9 bei ausreichender Rechengenauigkeit durch die einfachen Näherungen

$$\sin x = x \quad \text{und}$$
$$\cos x = 1$$

ersetzt werden. Durch diese Näherung vereinfachen sich die Gleichungen zur Bestimmung von $\Delta\alpha_1$ und $\Delta\alpha_2$ erheblich. Man erhält auf diese Weise aus den Komponenten des im Koordinatensystem "M,a" beschriebenen Vektors $\underline{rdiff}$:

$$\Delta\alpha_1 = -\frac{\sqrt{2}}{2\cdot L}\cdot rdiff_x - \frac{\sqrt{2}}{4}$$
$$\Delta\alpha_2 = \frac{\sqrt{2}}{2\cdot L}\cdot rdiff_z - \frac{\sqrt{2}}{4} \tag{7.10}$$

Bei einem tatsächlichen Wert der Winkelabweichungen $\Delta\alpha_1$ und $\Delta\alpha_2$ von 0,5° ist der Fehler, der durch die Näherungslösungen der trigonometrischen Funktionen entsteht, kleiner als 2 µrad, das entspricht einem relativen Fehler von weniger als 2 Promille. Die Rechengenauigkeit ist somit besser als die Auflösung der Winkelmeßsysteme der Spiegelantriebsachsen (siehe Abschnitt 5.2) und daher völlig ausreichend.

Bei der Ermittlung der Winkelabweichungen $\Delta\alpha_3$ und $\Delta\alpha_4$ an der Korrekturspiegeleinheit b wird in ähnlicher Weise vorgegangen. Nach dem obigen Ansatz sind zunächst die Winkel zwischen der Soll-Strahlrichtung und der nominellen Strahlrichtung und die Winkel zwischen der Ist-Strahlrichtung und der nominellen Strahlrichtung am Strahlaustritt zu bestimmen. Die Berechnung der Winkel erfolgt dabei im Koordinatensystem "M,b". Die halbierten Differenzen dieser Winkel ergeben dann die aktuellen Winkelabweichungen $\Delta\alpha_3$ und $\Delta\alpha_4$. Man erhält auf diese Weise aus dem im Koordinatensystem "M,b" beschriebenen Soll-Strahlrichtungsvektor $\underline{ra}_{soll}$ und dem Ist-Strahlrichtungsvektor $\underline{ra}_{ist}$ die Winkelabweichungen:

$$\Delta\alpha_3 = -\frac{\sqrt{2}}{2} \cdot \left(ra_{soll,x} - ra_{ist,x}\right)$$

$$\Delta\alpha_4 = \frac{\sqrt{2}}{2} \cdot \left(ra_{soll,z} - ra_{ist,z}\right)$$

$$(7.11)$$

Da sich bei der Regelung der Strahlposition die Winkeländerungen an der Korrektur-spiegeleinheit a nicht nur auf die Strahlposition in der Hilfsebene 2 auswirken, sondern auch auf die Strahlrichtung, müssen zur Entkopplung der Regelkreise für die Strahlposi-tion und die Strahlrichtung die Winkelabweichungen $\Delta\alpha_3$ und $\Delta\alpha_4$ entsprechend korri-giert werden. Die korrigierten Winkelabweichungen $\Delta\alpha_{3,korr}$ und $\Delta\alpha_{4,korr}$ erhält man aus dem einfachen Zusammenhang:

$$\Delta\alpha_{3,korr} = \Delta\alpha3 + \Delta\alpha2$$

$$\Delta\alpha_{4,korr} = \Delta\alpha4 + \Delta\alpha1$$

$$(7.12)$$

Die bis hierher beschriebenen Abläufe dienen dazu, den Strahl in Bezug zum Strahlaus-tritt bzw. zum integrierten Strahllagesensorsystem zu regeln. Die Strahllagesollwerte werden dabei in der Hilfsebene 2 vorgegeben, die eine feste Anordnung zur Strahllage-sensoreinrichtung besitzt. Für die Regelung der Strahllage in Bezug zum ortsfesten Weltkoordinatensystem sind weitere Schritte notwendig, die in den folgenden Abschnit-ten erläutert werden.

7.2.3 Ermittlung der Biegeverformungen des Schwenkarms

Mechanische Verformungen des Schwenkarms, die von äußeren Störkräften oder von Beschleunigungskräften hervorgerufen werden, führen zu einer fehlerhaften Lage des aus dem Strahlführungssystem austretenden Strahls gegenüber dem ortsfesten Weltkoordina-tensystem. Um eine fehlerfreie Lage des Strahls im Weltkoordinatensystem sicherstellen zu können, müssen die Verformungen des Schwenkarms meßtechnisch erfaßt und an-schließend durch die Strahllageregelung kompensiert werden.

Zur Ermittlung der Biegeverformungen ist als erstes die Ist-Position des Strahls in der Hilfsebene 1 zu bestimmen. Hierzu wird die bereits berechnete Position des Strahls auf dem Gitterspiegel nach einer festen Transformationsvorschrift in das Koordinatensystem "z2" transformiert und in der Richtung des ebenfalls bereits berechneten Richtungsvek-

tors des am Gitterspiegel b einfallenden Strahls im Koordinatensystem "z2" in die Hilfsebene 1 projiziert.

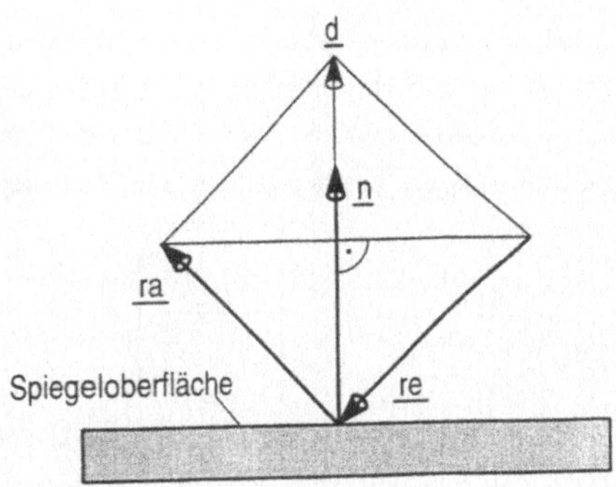

<u>Bild 7.10</u>: Geometrische Beziehungen zwischen dem Normalenvektor der Spiegelober-
fläche und dem einfallendem und dem reflektierten Strahl

Als nächstes muß die Richtung des am Korrekturspiegel a reflektierten Strahls berechnet
werden. Dabei ist die Einfallsrichtung am Korrekturspiegel a konstant, so daß die Richtung des reflektierten Strahls nur von den aktuellen Spiegelkippwinkeln α_1 und α_2 abhängt. Zur Berechnung des Richtungsvektors des reflektierten Strahls werden die in
<u>Bild 7.10</u> dargestellten geometrischen Beziehungen zwischen den Richtungsvektoren <u>re</u>
und <u>ra</u> des einfallenden und des reflektierten Strahls und dem Normalenvektor der Spiegeloberfläche benutzt. Die Richtungsvektoren <u>re</u> und <u>ra</u> sowie der Normalenvektor <u>n</u>
sind auf den Betrag 1 normiert und liegen gemeinsam in einer Ebene. Die beiden Strahlrichtungsvektoren können, wie in <u>Bild 7.10</u> gezeigt, zu einer Raute ergänzt werden,
deren Diagonalen senkrecht aufeinander stehen und gleichzeitig Winkelhalbierende sind.
Aus diesem Grund fällt die Richtung des Normalenvektors mit einer der beiden
Diagonalen zusammen. Da sich die Diagonalen einer Raute gegenseitig halbieren, kann
der Diagonalenvektor <u>d</u> einfach durch Verdopplung der Länge aus der senkrechten Pro-
jektion von <u>re</u> auf <u>n</u> berechnet werden.

$$\underline{d} = -2 \cdot \underline{n} \cdot \underline{re} \cdot \underline{n} \qquad . \tag{7.13}$$

Der Richtungsvektor <u>ra</u> des reflektierten Strahls ergibt sich anschließend durch vektorielle Addition von <u>d</u> und <u>re</u>:

$$\underline{ra} = \underline{d} + \underline{re} \quad . \tag{7.14}$$

Bei der beschriebenen Vorgehensweise zur Bestimmung von $\underline{ra}$ ist es unerheblich, in welchem Koordinatensystem die Berechnung durchgeführt wird. Da jedoch die Komponenten des Spiegel-Normalenvektors am einfachsten im Koordinatensystem "M,a" aus den aktuellen Spiegelkippwinkeln α_1 und α_2 ermittelt werden können, erfolgt die Berechnung von $\underline{ra}$ in diesem Koordinatensystem. Hierbei gilt für die Vektoren $\underline{n}$ und $\underline{re}$:

$$\underline{n} = \begin{bmatrix} -\sin\alpha_1 \\ \cos\alpha_1 \cdot \cos\alpha_2 \\ \cos\alpha_1 \cdot \sin\alpha_2 \end{bmatrix} \quad (7.15) \ , \qquad \underline{re} = \begin{bmatrix} -\dfrac{1}{2} \\ -\dfrac{1}{2} \cdot \sqrt{2} \\ \dfrac{1}{2} \end{bmatrix} \quad . \tag{7.16}$$

Der im Koordinatensystem "M,a" berechnete Richtungsvektor $\underline{ra}$ des am Korrekturspiegel a reflektierten Strahls wird nun zur weiteren Verarbeitung nach einer festen Transformationsvorschrift in das Koordinatensystem "z1" transformiert. Da die Position des Strahls auf dem Korrekturspiegel a im Rahmen der Näherung konstant ist, läßt sich aus dem im Koordinatensystem "z1" beschriebenen Richtungsvektor des reflektierten Strahls und dem Abstand L zwischen den beiden Korrekturspiegeln (vgl. Bild 7.5) die theoretische Position des Strahls in der Hilfsebene 1 bestimmen, die sich bei unverformtem Schwenkarm ergeben würde. Die Differenz zwischen der theoretischen Strahlposition und der tatsächlichen Strahlposition in der Hilfsebene 1 ergibt anschließend den Biegeversatz Δx und Δz des freien Endes des Schwenkarms.

Zur Bestimmung der Biegewinkel, die am freien Ende des Schwenkarms vorliegen, wird in gleicher Weise vorgegangen, wie bei der Berechnung der Winkelabweichungen der Spiegelantriebe. Zuerst werden im Koordinatensystem "z1" die Winkel $\alpha z1_x$ und $\alpha z1_z$ zwischen dem Richtungsvektor $\underline{ra}$ des am Korrekturspiegel a reflektierten Strahls und dem Richtungsvektor der optischen Achse ermittelt. Da die optische Achse im Koordinatensystem "z1" in Richtung der y-Achse verläuft erhält man unter der Voraussetzung kleiner Winkel $\alpha z1_x$ und $\alpha z1_z$ die Näherung:

$$\begin{bmatrix} ra_x \\ ra_y \\ ra_z \end{bmatrix} = \begin{bmatrix} 1 & 0 & 0 \\ 0 & 1 & -\alpha z1_x \\ 0 & \alpha z1_x & 1 \end{bmatrix} \cdot \begin{bmatrix} 1 & -\alpha z1_z & 0 \\ \alpha z1_z & 1 & 0 \\ 0 & 0 & 1 \end{bmatrix} \cdot \begin{bmatrix} 0 \\ 1 \\ 0 \end{bmatrix} \quad . \tag{7.17}$$

Durch Ausmultiplizieren und Koeffizientenvergleich ergibt sich hieraus:

$$\alpha z1_x = ra_z$$
$$\alpha z1_z = -ra_x$$

$$(7.18)$$

Danach wird die gleiche Berechnung im Koordinatensystem "z2" zur Bestimmung der Winkel $\alpha z2_x$ und $\alpha z2_z$ zwischen der in Abschnitt 7.3 ermittelten Einfalls-Strahlrichtung $\underline{re}$ am Gitterspiegel b und der Richtung der optischen Achse durchgeführt. Man erhält hier analog das Ergebnis:

$$\alpha z2_x = re_z$$
$$\alpha z2_z = -re_x$$

$$(7.19)$$

Bei verformtem Schwenkarm ergeben sich die Biegewinkel α_x und α_z des Armendes aus der Differenz der in den beiden Koordinatensystemen ermittelten Winkel.

$$\alpha_x = \alpha z2_x - \alpha z1_x = re_z - ra_z$$
$$\alpha_z = \alpha z2_z - \alpha z1_z = -re_x + ra_x$$

$$(7.20)$$

Zur direkten Messung des Torsionswinkels des Schwenkarms ist das in Abschnitt 6.2.4 beschriebene Torsionsmeßsystem vorgesehen, das parallel zum Strahlführungssystem im Schwenkarm angeordnet wird. In der Betriebsart der Strahllageregelung in Bezug zum Gestell des Versuchsaufbaus, die im nächsten Abschnitt erläutert wird, werden der gemessene Torsionswinkel und die berechneten Biegeverformungen dazu verwendet, die Einflüsse der elastischen Verformungen des Schwenkarms auf die Lage des aus dem Strahlführungssystem austretenden Strahls gegenüber dem ortsfesten System zu kompensieren.

7.2.4 Regelung der Strahllage in Bezug zum ortsfesten Weltkoordinatensystem

Die Regelung der Strahllage in Bezug zum ortsfesten Weltkoordinatensystem beruht auf der Vorgabe der Strahllage-Sollwerte am Strahlaustritt (in der Hilfsebene 2) in der Weise, daß sich unter Berücksichtigung der Armverformungen die gewünschte Strahllage im Weltkoordinatensystem ergibt. Die Strahllage-Sollwerte werden hierzu zunächst im ortsfesten Weltkoordinatensystem "w" vorgegeben. Anschließend werden die Sollwerte nach einer variablen Transformationsvorschrift in das Koordinatensystem "aus" am Strahlaustritt transformiert, um die zur Regelung benötigte Soll-Position und Soll-Richtung des Strahls in der Hilfsebene 2 zu bestimmen. Die Transformationsvorschrift vom ortsfesten Koordinatensystem "w" in das Koordinatensystem "aus" enthält dabei die folgenden variablen Anteile:

- Drehung um die Achse des Schwenkarms (Achse 5) im Winkel α_5,

- Kippung des Armendes um die x- und z- Achse des Koordinatensystems "z2" entsprechend den ermittelten Biegewinkeln α_x und α_z,

- Verdrehung des Armendes um die y-Achse des Koordinatensystems "z2" gemäß dem gemessenen Torsionswinkel ϕ,

- Translation des Armendes in x- und z-Richtung des Koordinatensystems "z2" entsprechend dem ermittelten Biegeversatz Δx und Δz.

Wie schon aus Bild 7.3 zu entnehmen ist, unterscheidet sich der Ablauf der Strahllageregelung in Bezug zum Weltkoordinatensytem vom Ablauf der Strahllageregelung in Bezug zum Strahlaustritt bzw. zum internen Strahllagesensor nur dadurch, daß die Strahllagesollwerte nicht direkt am Strahlaustritt vorgegeben werden, sondern im ortsfesten Weltkoordinatensystem mit anschließender verformungsabhängiger Koordinatentransformation in das Koordinatensystem am Strahlaustritt.

8   Ergebnisse der experimentellen Untersuchungen des Strahllagekorrektursystems

Zielsetzung der experimentellen Untersuchungen war es, den Funktionsnachweis für das gesamte Strahllagekorrektursystem zu erbringen und dessen statische und dynamische Eigenschaften zu ermitteln. Als Grundlage für weiterführende Arbeiten werden die Ursachen erkannter Schwachstellen analysiert und Möglichkeiten zu deren Verbesserung aufgezeigt. Von Interesse ist dabei zunächst nur das statische und dynamische Verhalten des Strahllageregelkreises beim Einsatz einer labormäßigen Rechner-Hardware als Strahllageregeleinrichtung. Die Integration eines Strahllagekorrektursystems in eine reale Bearbeitungsmaschine unter Beachtung der durch den Leistungslaserstrahl induzierten thermischen Effekte und die Problematik der Kommunikation zwischen der Maschinensteuerung und der Strahllageregeleinrichtung sind nicht Gegenstand dieser Arbeit und bleiben ebenfalls weiterführenden Arbeiten vorbehalten.

Die statischen und dynamischen Eigenschaften des als Versuchsaufbau realisierten Strahllagekorrektursystems wurden unter Verwendung der beschriebenen Rechenalgorithmen experimentell untersucht. Zum Erzielen einer möglichst hohen Bandbreite im Strahllageregelkreis wurde eine geringe Rechentotzeit und eine hohe Abtastfrequenz der digitalen Regeleinrichtung angestrebt (vgl. Abschnitt 4.2.3). Die Programmierung der Rechenalgorithmen mußte daher so weit wie möglich unter Verwendung numerischer Näherungsverfahren erfolgen. Die Genauigkeit der Näherungsverfahren wurde so gewählt, daß die numerischen Fehler gegenüber den Ungenauigkeiten der Meßsysteme und Sensoren des Versuchsaufbaus vernachlässigbar sind. Aufgrund der spezifischen Eigenschaften des verwendeten Signalprozessors TMS 320C30 mußte dabei darauf geachtet werden, daß die Rechenalgorithmen keine Standardfunktionen oder Divisionen enthalten, die über zeitraubende Softwareroutinen abgearbeitet werden, sondern nur schnell ausführbare Additionen, Subtraktionen und Multiplikationen. Außerdem wurde unter Verzicht auf bessere Lesbarkeit des Quellkodes die Verwendung von Programmschleifen vermieden, da die Ausführung der Schleifenrümpfe zusätzliche Rechenzeit in Anspruch nehmen würde. Durch eine diesbezügliche Optimierung des zeitkritischen, zyklischen Teils des Rechenprogramms, der den Strahllage-Regelalgorithmus enthält, wurde eine Abtastfrequenz von 2 kHz und eine Rechentotzeit erzielt, die bei der Strahllageregelung in Bezug zum Strahlaustritt bei 120 µs und bei der Strahllageregelung in Bezug zum Gestell bei 180 µs lag.

Die erreichte Rechentotzeit ist nicht alleine durch die Rechengeschwindigkeit des Signalprozessors und die zeitoptimale Programmierung der Rechenalgorithmen begründet, sondern auch durch Restriktionen der Speicher-Hardware der eingesetzten Signalprozessorkarte. Diese Signalprozessorkarte verfügt nur über einen relativ kleinen Bereich mit schnellen RAM-Speichern, auf den ohne Wartezyklen (wait states) zugegriffen werden kann, während für den größten Teil des Speichers Zugriffe nur mit einem oder zwei Wartezyklen möglich sind. Da nicht alle Routinen und Variablen, die im zeitkritischen Teil des Rechenprogramms verarbeitet werden, im schnellen Speicherbereich Platz finden, muß im zeitkritischen Programmteil mit einem Wartezyklus gearbeitet werden. Infolge der häufigen Zugriffe auf globale Variablen, die zur Übergabe von Parametern zwischen dem zyklischen und dem azyklischen Teil des Rechenprogramms dienen, ergibt sich durch die Wartezyklen eine erhebliche Erhöhung der Rechentotzeit. Diese Einschränkung sollte sich jedoch durch den Einsatz einer moderneren Signalprozessor-Hardware, die ausschließlich mit schnellen Speichern bestückt ist leicht beheben lassen. Zudem existieren heute Signalprozessortypen, wie der TMS 320C40, die geeignete Kommunikationsschnittstellen zur Vernetzung mehrerer Signalprozessoren besitzen, so daß auf dieser Basis zukünftig Parallelrechnersysteme mit einem mehrfachen an Rechenleistung zur Verfügung stehen werden. Die bei dem realisierten Versuchsaufbau erreichte Rechentotzeit von 180 µs stellt somit keine absolute Grenze dar, sondern ist mit einer geeigneteren Rechner-Hardware noch deutlich unterschreitbar.

Zur Regelung der Strahllage wurde die PI-Reglerstruktur eingesetzt, die im Blockschaltbild des Strahllageregelkreises in <u>Bild 7.3</u> dargestellt ist. Die Einstellung der Reglerparameter erfolgte auf experimentelle Weise anhand des mit Frequenzgangmessungen ermittelten Übertragungsverhaltens des Strahllageregelkreises für die einzelnen Komponenten der Strahlposition und Strahlrichtung. Dabei wurden die Reglerparameter so eingestellt, daß im Frequenzgang eine möglichst hohe Eckfrequenz ohne Amplitudenüberhöhung erreicht wurde, was gleichbedeutend ist mit einem schnellen und gut gedämpften Übergangsverhalten. Die erreichbare Dynamik der Strahllageregelung dokumentiert <u>Bild 8.1</u>, das als Beispiel den Frequenzgang zeigt, der bei der Vorgabe der x-Komponente der Strahlposition im Weltkoordinatensystem gemessen wurde. Infolge der Rechentotzeit der digitalen Strahllageregeleinrichtung von 180 µs liegt die Eckfrequenz des Strahllageregelkreises erwartungsgemäß deutlich unter der Eckfrequenz der lagegeregelten Spiegelantriebe (siehe Abschnitt 5.3).

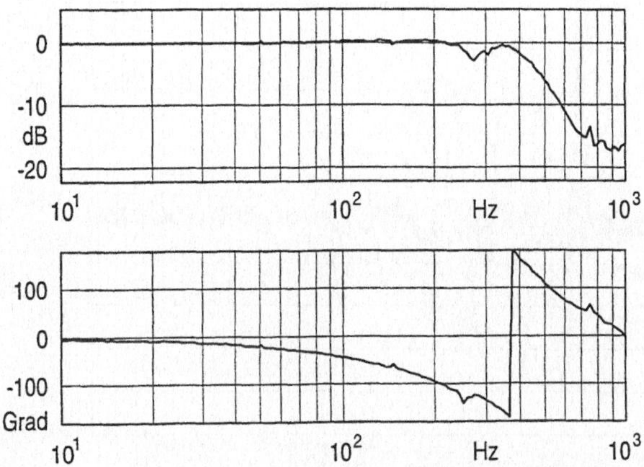

Bild 8.1: Gemessener Frequenzgang des Strahllageregelkreises bei Vorgabe der x-Komponente der Strahlposition im Weltkoordinatensystem

Zur Untersuchung des Störverhaltens der Strahllageregelung wurden durch einen definierten Kraftstoß die Biegeschwingungen des elastischen Schwenkarms angeregt. Die Austritts-Strahllage wurde dabei in Bezug zum Weltkoordinatensystem geregelt und mit Hilfe einer am Gestell befestigten zweidimensionalen PSD gemessen. In Bild 8.2 ist zum Vergleich der zeitliche Verlauf der Strahlposition an der PSD mit und ohne Strahllageregelung dargestellt. Die maximale Amplitude der Strahllageabweichung wird durch die Strahllageregelung deutlich reduziert und die Schwingungen der Strahllage bezüglich des Gestells klingen wesentlich schneller ab als im ungeregelten Fall. In Bild 8.2 ist jedoch auch zu erkennen, daß bei geregelter Strahllage ein wesentlich höherer Pegel von hochfrequenten Störungen auftritt. Dieser ist vor allem auf Störungen durch elektromagnetische Felder zurückzuführen, die infolge der relativ großen Leitungslängen zur Übertragung der analogen Signale sowohl in die Meßsignale als auch in die Sollwertsignale eingestreut und im Strahllageregelkreis rückgekoppelt werden. Die analoge Signalübertragung zwischen den Komponenten des Strahllagekorrektursystems sollte daher in Rahmen von weiterführenden Arbeiten durch eine digitale Übertragung mit einem schnellen seriellen Bussystem ersetzt werden.

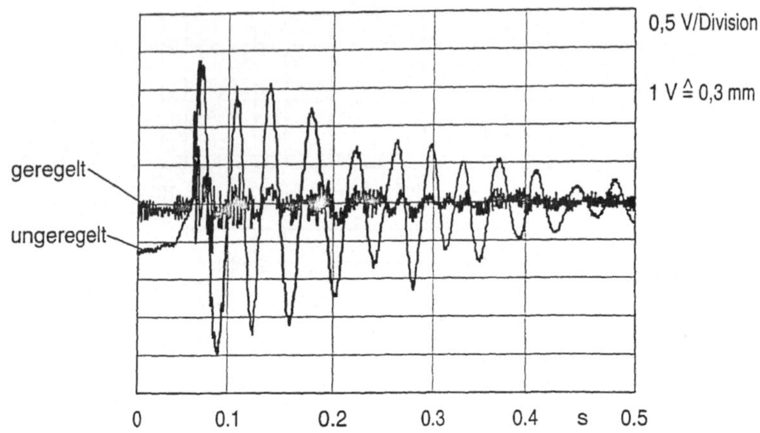

__Bild 8.2__: Auswirkungen von Biegeschwingungen des Schwenkarms auf die Strahllage gegenüber dem Gestell mit und ohne Strahllageregelung.

Die statische Genauigkeit der Strahllageregelung relativ zum Weltkoordinatensystem wurde in der Weise untersucht, daß der Schwenkarm bei aktiver Strahllageregelung durch eine statische Kraft elastisch verformt und die Strahllage am Austritt aus dem Strahlführungssystem mit Hilfe der am Gestell befestigten PSD gemessen wurde. Dabei ergab sich eine unerwünschte Veränderung der Strahlposition auf der PSD von ca. 0,1 mm. Die Reproduzierbarkeit des Strahllagefehlers läßt darauf schließen, daß dieser auf Linearitätsfehler in der Strahllagesensoreinrichtung und in den Winkelmeßsystemen der Korrekturspiegeleinheiten zurückzuführen ist. Diese Fehlereinflüsse sollten daher in weiterführenden Arbeiten näher untersucht und mit geeigneten Mitteln (siehe z. B. /89/) korrigiert werden.

9 Zusammenfassung und Ausblick

In der Steigerung der Bearbeitungsgeschwindigkeiten liegt ein noch nicht ausgeschöpftes Potential zur Erhöhung der Wirtschaftlichkeit der Lasermaterialbearbeitung. Da die Bahngenauigkeit derzeitiger Laserbearbeitungsmaschinen bei den geforderten Bahngeschwindigkeiten nicht mehr ausreicht, müssen bei der Konzeption zukünftiger Laserbearbeitungsmaschinen neue Wege beschritten werden, um das Verhältnis zwischen Bahngenauigkeit und Bahngeschwindigkeit wesentlich zu verbessern. Einen großen Beitrag hierzu leisten hochdynamische Strahllagekorrektursysteme, die zur

- Korrektur von Strahlübertragungsfehlern,
- Messung von elastischen Verformungen der Laserbearbeitungsmaschine und
- Ausführung hochdynamischer Korrekturbewegungen zwischen Fokus und Werkstück

eingesetzt werden können. In Verbindung mit direkten Meßsystemen an den Maschinenachsen und unter Berücksichtigung der realen Kinematikparameter der Laserbearbeitungsmaschine lassen sich durch den Einsatz von Strahllagekorrektursytemen alle relevanten Fehlereinflüsse auf die Position des Fokus gegenüber dem Werkstück meßtechnisch erfassen und hochdynamisch korrigieren. Zur Einstellung definierter Fokussierbedingungen können diese Strahllagekorrektursyteme auch mit strahlformenden aktiven Optiken kombiniert werden.

Für die Konzeption und Realisierung solcher Strahllagekorrektursysteme wurden zunächst die Anforderungen an deren Funktionalitäten und an die Eigenschaften ihrer Teilkomponenten definiert. Aus Gründen der Modularität sollten die Stellelemente zur Korrektur der Strahllage und die Strahllagesensoreinrichtung als kompakte, weitgehend autonom einsetzbare Einheiten aufgebaut werden. Für die zweiachsigen Korrekturspiegeleinheiten, die wegen ihrer hohen Strahlungsbelastbarkeit als Stellelemente zur Korrektur der Strahlrichtung vorgesehen wurden, wurde ein Winkelstellbereich von $\pm 1°$, eine hohe Auflösung des Spiegelkippwinkels und eine möglichst hohe Lageregelungsbandbreite gefordert. Von der Strahllagemeßeinrichtung wurde die Unabhängigkeit des Meßergebnisses von der Leistung und der Intensitätsverteilung des Leistungslaserstrahls sowie eine hohe Auflösung und eine große Signalbandbreite verlangt. Außerdem sollte die Einrichtung zur Messung der Strahlposition und Strahlrichtung mit einer Einrichtung zur Messung von Torsionsverformungen kombiniert werden können. Als Strahllageregeleinrichtung wurde aufgrund der komplexen Zusammenhänge zwischen den Sensor-

signalen und den Kippwinkeln der Korrekturspiegeleinheiten ein digitales Rechnersystem mit konfigurierbarem Ein-Ausgabe-Interface vorgesehen. Im Interesse einer
hohen Bandbreite des Strahllageregelkreises muß die Rechenleistung dabei mindestens
so hoch sein, daß die Rechentotzeit 200 µs nicht überschreitet.

Auf der Basis der spezifizierten Anforderungen wurde eine systematische Auswahl der
Funktionsprinzipien für die Aktuatoren, die Winkelmeßsysteme und die gelenkige Lagerung des Spiegels der Korrekturspiegeleinheiten durchgeführt. Von den betrachteten
Aktuatoren weisen elektrische Klein-Linearmotoren mit permanentmagnetischem Läufer
die größten Vorteile bezüglich Bauvolumen, Stellbereich und Beschleunigungsvermögen
auf. Zur Ansteuerung der Klein-Linearmotoren wird eine sehr kompakt bauende, stetig
betriebene Leistungsstelleinrichtung verwendet. Als Winkelmeßsystem wird ein
hochauflösendes Autokollimationsfernrohr eingesetzt, das die berührungslose und
direkte Messung beider Spiegelkippwinkel erlaubt und sich gut in das Gehäuse der Korrekturspiegeleinheit integrieren läßt. Für die Lagerung des Spiegels eignen sich am
besten Kardangelenke, die mit Biegegelenken ausgeführt und im Inneren des Spiegelkörpers angeordnet werden.

Die Lageregeleinrichtung der Spiegelantriebe, die in der Korrekturspiegeleinheit untergebracht werden muß, wird aus Gründen der Signalverarbeitungsgeschwindigkeit und
des geringen Platzbedarfs als Analogschaltung realisiert. Störende Rückkopplungen
hochfrequenter mechanischer Eigenschwingungen im Lageregelkreis können erfolgreich
mit Hilfe entsprechend angepaßter Bandsperrfilter unterdrückt werden. Aufgrund der
kleinen Zeitkonstanten der Lageregeleinrichtung und der Regelstrecke können sehr hohe
Reglerverstärkungen eingestellt werden. Hieraus resultiert jedoch gleichzeitig eine starke
Empfindlichkeit des Lageregelkreises gegenüber sprungförmig verlaufenden Führungs-
und Störgrößen, die infolge der Stellbegrenzungen der Leistungsstelleinrichtung zur Instabilität führen. Zur Lösung dieser Problematik wurde eine nichtlineare Regeleinrichtung entworfen, die bei Überschreiten der Stellbegrenzung automatisch die Reglerverstärkungen reduziert. Die Funktionstauglichkeit dieser nichtlinearen Regeleinrichtung
wurde durch simulative und experimentelle Untersuchungen nachgewiesen.

Realisiert wurde eine labormäßig aufgebaute Prototyp-Version der Korrekturspiegeleinheiten und eine für den praktischen Einsatz optimierte Version. Mit der optimierten
Version der Korrekturspiegeleinheiten, wird eine Eckfrequenz des Lageregelkreises von

über 1 kHz im Kleinsignalbereich erzielt, wobei der Lageregelkreis näherungsweise das Übertragungsverhalten eines Verzögerungsglieds vierter Ordnung besitzt.

Zur Messung der Strahllage wird ein sichtbarer Pilotlaserstrahl verwendet, der dem Leistungslaserstrahl koaxial überlagert wird. Dieses Verfahren besitzt gegenüber der direkten Messung des Leistungslaserstrahls die Vorteile der ständigen Präsenz des Pilotlaserstrahls, eines kompakteren und kostengünstigeren Aufbaus der Strahllagesensoreinrichtung und einer höheren Auflösung der Strahlposition.

Als wellenlängenselektive Optiken zur Überlagerung und Trennung des Leistungs- und des Pilotlaserstrahls eignen sich reflektierende Beugungsgitter. Die Furchendichte dieser Gitterspiegel wird so dimensioniert, daß für den CO_2-Laser nur die nullte Beugungsordnung existiert und der in die -1. Ordnung ausgebeugte Pilotlaserstrahl annähernd senkrecht zur Gitteroberfläche verläuft. Um eine geringe Empfindlichkeit des Beugungswinkels gegenüber Temperaturschwankungen des Gitterspiegels zu erzielen, muß für die Herstellung des Spiegelkörpers ein Werkstoff mit kleinem Längenausdehnungskoeffizienten verwendet werden. Die Form des Furchenprofils wurde für eine minimale Absorption des CO_2-Lasers ausgelegt. Die experimentelle Bestimmung des Absorptionsgrads der Gitterspiegel ergab im Vergleich zu einem Planspiegel aus Kupfer nur geringfügig höhere Absorptionswerte.

Zur Messung der Strahlposition wird eine Lateraleffekt-Diode mit hoher Meßsignalbandbreite, Positionsauflösung und Linearität verwendet. Die Strahlrichtung wird ebenfalls mit Hilfe einer Lateraleffekt-Diode aus der Fokusposition des an einer Linse fokussierten Meßlaserstrahls ermittelt. Auf diese Weise werden Strahlposition und Strahlrichtung von einander entkoppelt erfaßt. Zur Messung von Torsionsverformungen wurde eine polarisationsoptische Meßeinrichtung realisiert, die parallel zum Strahlführungssystem angeordnet wird.

Für den Funktionsnachweis des vorgeschlagenen Konzepts zum modularen Aufbau von Strahllagekorrektursystemen und zur experimentellen Untersuchung deren statischer und dynamischer Eigenschaften wurde ein einfacher Versuchsaufbau realisiert, der aus einem elastischen Schwenkarm mit innenliegender Strahlführung besteht. Als Strahllageregeleinrichtung des Versuchsaufbaus wurde ein labormäßiges Signalprozessorsystem auf Basis des TMS 320C30 mit konfigurierbarem Ein-Ausgabe-Interface eingesetzt. Für den Versuchsaufbau wurden Rechenalgorithmen zur Verarbeitung der Sensorsignale entwickelt, die sowohl eine Regelung der Strahllage in Bezug zur internen Strahllagemeßeinrichtung erlauben, als auch die Regelung der Strahllage in Bezug zum Gestell des Versuchsaufbaus. Die Rechenalgorithmen wurden bezüglich Rechenzeit optimiert, so daß die Anforerungen bezüglich der maximalen Rechentotzeit knapp erfüllt werden konnten. Die Höhe der erzielten Rechentotzeit wird dabei teilweise durch die Speicherzugriffsgeschwindigkeit der Signalprozessorkarte bedingt.

Durch die experimentellen Untersuchungen an dem Versuchsaufbau wurde die prinzipielle Funktionsfähigkeit des vorgeschlagenen Konzepts zum Aufbau hochdynamischer Strahllagekorrektursysteme nachgewiesen. Bezüglich der erreichten Bandbreite der Strahllageregelkreise, die durch die Dynamik der eingesetzten Prototyp-Versionen der Korrekturspiegeleinheiten und durch die Signalverarbeitungsgeschwindigkeit der digitalen Strahllageregeleinrichtung begrenzt wird, kann gezeigt werden, daß unter Einsatz optimierter Korrekturspiegeleinheiten und einer geeigneteren Rechner-Hardware noch wesentliche Steigerungen möglich sind. Die statische Genauigkeit der Strahllageregelung erwies sich bei den experimentellen Untersuchungen als noch nicht zufriedenstellend. Ursachen hierfür sind vor allem Linearitätsabweichungen der Strahllagemeßeinrichtung und der Winkelmeßsysteme der Korrekturspiegeleinheiten. Als problematisch erwiesen sich außerdem die großen Leitungslängen für die analoge Signalübertragung, die zu relativ hohen Störpegeln der Analogsignale führten.

Das vorgeschlagene Konzept zum modularen Aufbau von Strahllagekorrektursystemen ist grundsätzlich zur Erhöhung der Bahngenauigkeit von Laserbearbeitungsmaschinen geeignet. Um den praktischen Einsatz eines derartigen Strahllagekorrektursystems in einer Laserbearbeitungsmaschine zu ermöglichen, sind jedoch noch weiterführende Arbeiten notwendig, die sich mit den folgenden Problemkreisen zu befassen haben:

- Thermische Einflüsse auf das Strahllagekorrektursystem bei hoher Laserleistung,
- Erhöhung der Genauigkeit der Strahllagemeßeinrichtung und der Winkelmeßsysteme der Korrekturspiegeleinheiten,
- Ersetzen der analogen Signalübertragung durch die Übertragung mittels eines schnellen digitalen Bussystems,
- Schaffung einer echtzeitfähigen Schnittstelle zur Kommunikation zwischen der Strahllageregeleinrichtung und der Bahnsteuerung der Laserbearbeitungsmaschine,
- Untersuchung der Einflüsse von Parameterschwankungen im Gesamtsystem,
- Gestaltungs- und Anordnungsrichtlinien für den Aufbau des Gesamtsystems.

Schrifttum

/1/ Hügel, H. Fertigungstechnisches Potential des Lasers. Fertigungstechnisches Kolloquium FTK'91, Springer-Verlag Berlin, Heidelberg 1991.

/2/ Bachthaler, M.
Arlt, G. Mit neuen Technologien durch die Krise - Empirische Ergebnisse über den Einsatz von Laserschneidanlagen in der Industrie. Laser-Praxis, Supplement zu Hanser Fachzeitschriften Oktober, Carl Hanser Verlag, München 1994

/3/ Hügel, H. Laser - Neue Strahlquellen und Einsatzfelder. Fertigungstechnisches Kolloquium FTK '94, Springer-Verlag Berlin, Heidelberg 1994

/4/ Emmelmann, C.
Lunding, S. Nd:YAG - eine wirtschaftliche Alternative zu CO_2. Laser-Praxis, Carl Hanser Verlag, München 1994, LS13-LS17.

/5/ Wurst, K.-H. Flexible Robotersysteme - Konzeption und Realisierung modularer Roboterkomponenten. Springer Verlag, Berlin Heidelberg New York 1991

/6/ Johannessen, F.
Kristensen, F.
Rasmussen, J. Position and Anti-Collision Sensor Systems for Large Manipulators. Konferenz-Einzelbericht: 8-th Int. Symp. on Automation and Robotics in Construction (ISARC), Fraunhofer-Inst. for Manufacturing Engng. and Automation, Stuttgart, D, 3.-5. 6. 1991, Band 1 (1991), S. 447-454

/7/ Gorriz, M. Adaptive Optik und Sensorik im Strahlführungssystem von Laserbearbeitungsanlagen. Stuttgart: Teubner, 1992

/8/ Hoffmann, P. Verfahrensfolge Laserstrahlschneiden und -schweißen - Prozeßführung und Systemtechnik in der 3D-Laserbearbeitung von Blechformteilen. München: Hanser, 1991

/9/   Hutfless, J.   Laserstrahlregelung und Optikdiagnostik in der
                            Strahlführung einer CO_2-Hochleistungslaseranlage.
                            München: Hanser, 1993

/10/ Bea, M.   Gezielte Steuerung der Fokusgeometrie durch gekoppelte
      Giesen, A.   adaptive Systeme.
      Hügel, H.   Laser und Optoelektronik 26 (2) /1994, S. 43-49

/11/ Hügel, H.   Strahlwerkzeug Laser. B. G. Teubner Stuttgart 1992

/12/ Mann, K.   Nd:YAG-Laser in der Blechbearbeitung.
                            Blech Rohre Profile 40 (1993) 4, S. 331-333

/13/ Hodgson, M.   Hochleistungs-Festkörper-Laser in Stab-, Slab-, und Rohr-
      Lü, Q.   Geometrie.
      Dong, S.   Laser und Optoelektronik 23 (3) / 1991
      Eppich, B.
      Wittrock, U.

/14/ Leibinger, B.   Lasereinsatz in der Blechbearbeitung.
                            Blech Rohre Profile 40 (1993) 4, S. 269

/15/ Herziger, G.   Abbrandstabilisiertes Laserstrahlbrennschneiden - ein neues
      Schulz, W.   Verfahren.
      Franke, J.   Schweißen und Schneiden 45 (1993), Heft 9, S. 490-493

/16/ Dilthey, U.   Laserstrahlschweißen von dicken Blechen - Mechanisch-
      Hendricks, M.   technologische Eigenschaften der Schweißverbindungen.
      Huwer, A.   Blech Rohre Profile 38 (1991) 6, S. 521-527
      Jacobskötter, L.
      Schneegans, J.

/17/ Garnich, F.   Laserbearbeitung mit Robotern.
                            Springer-Verlag Berlin Heidelberg New York 1992

/18/ Klingel, H.   Flexibel automatisierte Produktion von Blechteilen.
                          Fertigungstechnisches Kolloquium FTK'88,
                          Springer-Verlag Berlin, Heidelberg 1988.

/19/ Wiesner, P.   Hochgeschwindigkeitsschweißen mit dem
                          Kohlendioxidlaser. Schweißen und Schneiden 45 (1993),
                          Heft 7, S.358-360

/20/ Pritschow, G.   Konzeption von Strahlführungssystemen für
     Renz, B.   Laserbearbeitungszentren und Industrieroboter.
     Wurst, K.-H.   Wt Werkstattstechnik 80 (1990), S. 559-564

/21/ Schraft, R. D.   Leichter in der Roboterhand - Neues externes Strahlfüh-
     Hardock, G.   rungssystem für das Schneiden und Schweißen mit CO_2-
     König, M.   Lasern. VDI-Z 131 (1989), Nr. 6 - Juni, S. 84-91

/22/ Giller, P.   Bezahlbarer Laserroboter - Laseranwendung im 3D-Bereich
     Hadamik, L.   für Prototypen-Fertigung.
                          ROBOTER, September 1990, S. 34-37

/23/ Wollrab, P. M.   Laser-Roboter im Praxis-Test - Erfahrungen mit CO_2- und
     Billinger, A.   YAG-Laser-Anlagen in der Blechbearbeitung bei BMW.
                          ROBOTER, August 1990, S. 22-26

/24/ Hornig, J.   Laser bei BMW - Die Lasermaterialbearbeitung gehört im
     Reinhart, G.   Automobilbau zum Alltag.
                          LASER, November 1990, S. 240-245

/25/ Milberg, J.   Der Laser als Teil der "Neuen Fabrik".
                          Blech Rohre Profile 40 (1993) 4, S. 297-303

/26/ Sepold, G.   Bericht vom "Automotive Laser Applications Workshop -
                          ALW'93". Blech Rohre Profile 40 (1993) 9, S. 683-684

182

/27/   Geiger, M   Lasertechnik in Synergie zur Umformtechnik.
       Hoffmann, P.   Blech Rohre Profile 40 (1993) 4, S. 324-330
       Hutfless, J.

/28/   Weil, W.   Einsatz des Laserstrahlschweißens in der Massenproduktion.
                             Blech Rohre Profile 40 (1993) 4, S. 334-336

/29/   Rumpelt, T.   Stabilität gesucht - Laser-Forum in Bremen.
                               ROBOTER, Februar 1991, S. 14-17

/30/   Gruber, F. J.   Spiegel oder Linse ? - Laserroboter: Auf die Strahlführung
                             kommt es an. ROBOTER, November 1989, S. 22-23

/31/   N.N.   Totgesagte leben länger - Der Markt für Laserroboter kommt
                             langsam wieder in Schwung.
                             ROBOTER, November 1993, S.48-51

/32/   Eversheim, W.   Lasergerechte Konstruktion und Fertigung,
       u. a.   VDI-Verlag GmbH, Düsseldorf 1992

/33/   N. N.   TOM - Dual Axis Scanning Mirror.
                             Firmenschrift der Fa. Soliton Laser und Meßtechnik

/34/   Autorenkollektiv   Dynamische Strahlcharakterisierung. Sonderforschungs-
                             bereich 349: Hochdynamische Strahlführungs- und Strahl-
                             formungseinrichtungen für die räumliche Bearbeitung mit
                             Laserstrahlen. Ergebnisbericht, Universität Stuttgart, 1995

/35/   Zimmermann, M.   Laserstrahl-Diagnostik in der Materialbearbeitung.
                             VDI-Verlag GmbH, Düsseldorf 1991

/36/   Gorriz, M.   FOCON - Aktives Strahlführungssystem für CO_2-Laser.
                             Firmenschrift der Fa. MBB, Deutsche Aerospace. Juni 1991

/37/ Rosner, N.
     Schwenzer, M.
Strahllagestellsystem. Neue Sensoren und Aktoren zur Lasermaterialbearbeitung. Verbundprojekt 1991-1994, Abschlußbericht. VDI/VDE Technologiezentrum Informationstechnik GmbH

/38/ Falldorf, H.
     Schnars, U.
Grundlagenuntersuchungen zur Strahllage- und Plasmasensorik. Neue Sensoren und Aktoren zur Lasermaterialbeitung. Verbundprojekt 1991-1994, Abschlußbericht. VDI/VDE Technologiezentrum Informationstechnik GmbH

/39/ Kosiedowski, U.
Einsatzmöglichkeiten und Auswahlkriterien für moderne Regelverfahren an Werkzeugmaschinen. Lageregelseminar '94, 14. u. 15. April 1994, Universität Stuttgart, Institut für Steuerungstechnik der Werkzeugmaschinen und Fertigungseinrichtungen.

/40/ Pritschow, G.
Steuerungstechnik der Werkzeugmaschinen und Industrieroboter. Manuskript zur Vorlesung, Universität Stuttgart, Sommersemester 1994

/41/ Pritschow, G.
     Klingel, H.
     Bauder, M.
     Horn, A.
Erhöhung der Bahngenauigkeit von Industrierobotern. Robotersysteme 8 (1992), S. 162-170

/42/ Pritschow, G.
     Klingel, H.
     Renz, B.
Knickarmroboter zur 3-D-Laserbearbeitung - Hohe Genauigkeit und innenliegende Strahlführung. wt Produktion und Management 85 (1995) 318-322

/43/ Autorenkollektiv
Geodätische Meßverfahren im Maschinenbau. 26. DVW-Seminar am 18. und 19. März 1991 im Institut für Geodäsie der Universität der Bundeswehr München. K. Wittwer Verlag Stuttgart

/44/ Visser, A.
     Kühn, W.
     Kuang, L.
Vermessung von Gelenkarmrobotern mit Hilfe von Theodoliten. tm - Technisches Messen 61 (1994) 2, R. Oldenbourg Verlag, S.75-81

/45/ Giesen, A.
     Borik, S.
     Schreiner, U.
     Dausinger, F.
Vermessung fokussierender Systeme für Hochleistungs-CO_2-Laser. In: Waidelich W. (Hrsg.) Laser/Optoelektronik in der Technik 1987, Springer Verlag, S.483-487

/46/ Reinhart, G.
Im Stadium der Reife - Roboter als Bewegungsmaschinen für die Lasermaterialbearbeitung. ROBOTER-Markt 1991, S. 56-60

/47/ Wahl, R.
Schneiden und Schweißen mit robotergeführtem Laserstrahl. Fertigungstechnisches Kolloquium FTK'91, Springer-Verlag Berlin, Heidelberg 1991.

/48/ Gruhler, G.
Sensorgeführte Programmierung bahngesteuerter Industrieroboter. Springer-Verlag, Berlin, Heidelberg 1987

/49/ Spur, G.
Stand der Programmiertechnik für Industrieroboter. Fertigungstechnisches Kolloquium FTK'88, Springer-Verlag Berlin, Heidelberg 1988

/50/ Gerstmann, U.
     Livotov, P.
Systemverhalten von Industrierobotern mit massereduzierten Strukturen. VDI-Z 135 (1993), Nr. 4-April, S.99-104

/51/ Philipp, W.
Regelung mechanisch steifer Direktantriebe für Werkzeugmaschinen. Springer-Verlag Berlin, Heidelberg 1992

/52/ Pritschow, G.
     Philipp, W.
Research on the Efficiency of Feedforward Controllers in M Direct Drives. Annals of the CIRP Vol. 41/1/1992

/53/ Fahrbach, Ch.
Gringel, M.
ua.

Linearantriebe für Vorschubachsen haben eine große
Leistungsfähigkeit.
MM Maschinenmarkt 101 (1995) S. 42-48

/54/ Fahrbach, Ch.

Hochdynamische Regelung an Fräsmaschinen. Lageregel-
seminar '94, 14. u. 15. April 1994, Universität Stuttgart,
Institut für Steuerungstechnik der Werkzeugmaschinen und
Fertigungseinrichtungen.

/55/ Trunzer, W.

Flexibilität in der 3D-Laserbearbeitung durch Sensoren.
Seminar Sensoranwendungen und Qualitätssicherung in der
Laserbearbeitung am 27. Okt. 1993 in Dornach.
Institut für Werkzeugmaschinen und Betriebswissenschaften
TU München.

/56/ Horn, A.

Optische Sensorik zur Bahnführung von Industrierobotern
mit hohen Bahngeschwindigkeiten.
Springer-Verlag Berlin, Heidelberg 1994.

/57/ Schmid, D.
Hardter, H.
Sichler, K.

Zusatzachsen verbessern die Sensorführung von Robotern.
Robotersysteme 5 (1989) S. 247-251

/58/ Pritschow, G.
Gronbach, H.
Renz, B.

High-Dynamik Beam Guiding Systems for CO_2 Laser
Processing. 26th International CIRP Seminar LANE'94,
Erlangen 12th and 13th October 1994.

/59/ Bloehs, W.
Rudlaff, Th.

Laserstrahlhärten mit variabler Intensitätsverteilung.
Fertigungstechnisches Kolloquium FTK'91,
Springer-Verlag Berlin, Heidelberg 1991.

/60/ Wiesner, P.

Hochgeschwindigkeitsschweißen mit dem
Kohlendioxidlaser. Schweißen und Schneiden 45 (1993),
Heft 7, S.358-360.

/61/ Giesen, A.   Einfluß der Optik auf den Bearbeitungsprozeß. Kolloquium
      Borik, S.   Laser-Anwendungen, 30. Sept. 1987, TECLAS, Technische
      Schreiner, U.   Laser Arbeitsgemeinschaft Stuttgart.

/62/ Autorenkollektiv   Steuer- und Regelstrukturen für modular aufgebaute Spiegel-
                          positioniersysteme. Sonderforschungsbereich 349:
                          Hochdyna-mische Strahlführungs- und
                          Strahlformungseinrichtungen für die räumliche Bearbeitung
                          mit Laserstrahlen. Ergebnisbericht, Universität Stuttgart,
                          1995

/63/ Swoboda, W.   Digitale Lageregelung für Maschinen mit schwach gedämpf-
                          ten schwingungsfähigen Bewegungsachsen.
                          Springer-Verlag, Berlin, Heidelberg 1987

/64/ Van d. Enden, W.   Digitale Signalverarbeitung. Friedr. Vieweg & Sohn
      Verhoeckx, N.   Verlagsgesellschaft mbH, Braunschweig 1990

/65/ Autorenkollektiv   Spiegel in Leichtbauweise. Ergebnisbericht des Teilprojekts
                          A3, Sonderforschungsbereich 349: Hochdynamische Strahl-
                          führungs- und Strahlformungseinrichtungen für die
                          räumliche Bearbeitung mit Laserstrahlen. Universität
                          Stuttgart, 1995

/66/ Schnurr, B.   Elektrodynamisches Antriebssystem zur Unrundbearbeitung.
                          Springer-Verlag Berlin, Heidelberg 1994

/67/ Jendritza, D. J.   Einsatzpotentiale neuer Aktoren.
      Janocha, H.   Der Konstrukteur 1-2/93, S. 34-36

/68/ N.N   Produkte für die Mikrostelltechnik.
                          Firmenschrift der Fa. Physik Instrumente, Waldbronn

/69/ Voigt, K.   QNA - eine neue Alternative in der Niedervolt-
                             Aktuatortechnik. F & M 101 (1993) 11-12,
                             Carl Hanser Verlag, München 1993, S. 461-465

/70/ Jendritza, D. J.   Große Zukunft für neue Aktoren - Exotische physikalische
      Janocha, H.   Effekte industriell nutzen. Elekronik 7/1993, S. 30-41

/71/ Jendritza, D. J.   Neue Aktoren in der praktischen Anwendung.
      Janocha, H.   Laser und Optoelektronik 25 (3)/1993, S. 90-95

/72/ Löffler, H.   Linearantriebe und Aktuatoren. F & M 101 (1993) 11-12,
                             Carl Hanser Verlag, München 1993, S. 449-455

/73/ Backe', W.   Grundlagen und Entwicklungstendenzen in der
                             Ventiltechnik. Ölhydraulik und Pneumatik 34 (1990) Nr. 7 S.
                             496-505

/74/ Bögelsack, G.   Gerätetechnische Antriebe.
      Kallenbach, E.   Verlag Technik GmbH Berlin, 1991

/75/ Wavre, N.   Hochdynamische elektrische Linearantriebe. In: Seminar-
                             unterlagen zum Lageregelseminar '94, 14./15. April 1994,
                             Institut für Steuerungstechnik der Werkzeugmaschinen und
                             Fertigungseinrichtungen, Universität Stuttgart

/76/ Klaus, M.   Experimentelle Untersuchung eines elektromagnetischen
                             Antriebs für Laserspiegel. Studienarbeit am Institut für
                             Steuerungstechnik der Werkzeugmaschinen und
                             Fertigungseinrichtungen, Universität Stuttgart, 1993

/77/ N.N.   Elektromagnetic Linear Actuator for Linear Position Control.
                             Firmenschrift der Fa. ETEL, Môitiers, Schweiz

/78/ Keppler, T.   Aufbau eines miniaturisierten, getakteten Leistungsstellers
                            für Gleichstromantriebe. Semesterarbeit am Institut für
                            Steuerungstechnik der Werkzeugmaschinen und
                            Fertigungseinrichtungen, Universität Stuttgart, 1993

/79/ Tietze, U.   Halbleiter-Schaltungstechnik.
      Schenk, Ch.   Springer-Verlag Berlin, Heidelberg, New York, London,
                            Paris, Tokyo, Barcelona 1990

/80/ Henke, T.   Spurenauswertung mit Spezial-Chip - Tacho-Controller
                            vereinfacht hochaufgelöste Lage- und Drehzahlerfassung mit
                            Inkrementalgebern. Elektronik 1/1994, S. 24-31

/81/ Ernst, A.   Präziser durch Transmissionsgitter - Abtastverfahren bei
                            modernen Positionsmeßsystemen.
                            KEM 1992, Dezember, S. 80-81

/82/ Spies, A.   Längen in der Ultrapräzisionstechnik messen.
                            Feinwerktechnik und Messtechnik 98 (1990) 10

/83/ Donges, A.   Lasermeßtechnik - Grundlagen und Anwendungen.
      Noll, N.   Hüthig Buch Verlag GmbH, Heidelberg 1993

/84/ Grübel, H.   Interferometrisches Echtzeitwegmeßsystem mit vollständig
      Nitsch, G.   dielektrischem, integriert optischem Sensorkopf.
                            Technisches Messen 58 (1991) 4, S. 165-169

/85/ Ulbers, G.   Integriert-optische Sensoren für die Weg-, Kraft-, und
                            Brechungsindexmessung auf der Basis von Silizium.
                            Technisches Messen 58 (1991) 4, S. 146-151

/86/ Schüßler, H.-H.   Laserinterferometrische Längenmeßtechnik.
                            Technisches Messen, 52 (1985) 6, S. 225-232

/87/ N.N.   Kapazitive Sensoren.
                            Firmenschrift der Fa. Physik Instrumente, Waldbronn

/88/ Naumann, H.   Bauelemente der Optik - Taschenbuch für Konstrukteure.
      Schröder, G.   Carl Hanser Verlag München, Wien 1983

/89/ Dietz, R.   Prozessor für die Fehlerkorrektur intelligenter Sensoren in
      Zabler, E.   einem zweidimensionalen Kennfeld.
      Heintz, F.   Technisches Messen 59 (1992) 9, S.353-360

/90/ Pritschow, G.   Wegweiser - Aktives Strahlführungssystem für CO_2-Laser
      Renz, B.   kompensiert Störeinflüsse mit dynamischen Korrekturspie-
                             geln. Maschinenmarkt, Würzburg 100 (1994) 13, S. 40-44

/91/ Renz, B.   Spiegelpositioniersysteme zur Laserbearbeitung. In:
      Zimmermann, K.   Seminar-unterlagen zum Lageregelseminar '94, 14./15. April
                             1994, Institut für Steuerungstechnik der Werkzeugmaschinen
                             und Fertigungseinrichtungen, Universität Stuttgart

/92/ Petit, R.   Electromagnetic Theory of Gratings,
                             Springer-Verlag, Berlin 1980.

/93/ Hochmuth, D. H.   Design and Analysis of a Copper Grating to Co-Align a CO_2
                             Laser with a HeNe Laser. Unveröffentlichter Ergebnisbericht
                             der Fa. Teledyne Brown Engineering, Huntsville, Alabama,
                             USA 1994.

/94/ Autorenkollektiv   Hochdynamische, modular aufgebaute Spiegelpositionier-
                             systeme. Sonderforschungsbereich 349: Hochdynamische
                             Strahlführungs- und Strahlformungseinrichtungen für die
                             räumliche Bearbeitung mit Laserstrahlen. Ergebnisbericht,
                             Universität Stuttgart, 1995

/95/ Philipp, W.   Fließkomma-Signalprozessor-System für komplexe
      Scholich, W.   Regelungen.
                             Elektronik Entwicklung (1990) H. 7-8, S. 29-33

ISW Forschung und Praxis

Berichte aus dem Institut für Steuerungstechnik der Werkzeugmaschinen und Fertigungseinrichtungen der Universität Stuttgart

Herausgegeben bis Band 57 von Prof. Dr.-Ing. G. Stute †
ab Band 58 Prof. Dr.-Ing. G. Pritschow

1   D. Schmid, Numerische Bahnsteuerung, 89 S., 1973

2   H. Schwegler, Fräsbearbeitung gekrümmter Flächen, 111 S., 1972

3   J. Eisinger, Numerisch gesteuerte Mehrachsenfräsmaschinen, 90 S., 1972

4   R. Nann, Rechnersteuerung von Fertigungseinrichtungen, 125 S., 1972

5   G. Augsten, Zweiachsige Nachformeinrichtungen, 140 S., 1972

6   B. Karl, Die Automatisierung der Fertigungsvorbereitung durch NC-Program-
    mierung, 121 S., 1972

7   H. Eitel, NC-Programmiersystem, 117 S., 1973

8   E. Knorr, Numerische Bahnsteuerung zur Erzeugung von Raumkurven auf
    rotationssymetrischen Körpern, 131 S., 1973

9   S. Bumiller, Viskohydraulischer Vorschubantrieb, 123 S., 1974

10 K. Maier, Grenzregelung an Werkzeugmaschinen, 139 S., 1974

11 J. Waelkens, NC-Programmierung, 159 S., 1974

12 E. Bauer, Rechnerdirektsteuerung von Fertigungseinrichtungen, 138 S., 1975

13 H. König, Entwurf und Strukturtheorie von Steuerungen für Fertigungs-
    einrichtungen, 206 S., 1976

14 H. Damsohn, Fünfachsiges NC-Fräsen, 143 S., 1976

15 H. Jetter, Programmierbare Steuerungen, 141 S., 1976

16 H. Henning, Fünfachsiges NC-Fräsen gekrümmter Flächen, 179 S., 1976

17 K. Boelke, Analyse und Beurteilung von Lagesteuerungen für numerisch gesteuerte
    Werkzeugmaschinen, 106 S., 1977

18 F.-R. Götz, Regelsystem mit Modellrückkopplung für variable Streckenverstärkung,
    116 S., 1977

19 H. Tränkle, Auswirkungen der Fehler in den Positionen der Maschinenachsen
    beim fünfachsigen Fräsen, 103 S., 1977

20 P. Stof, Untersuchungen über die Reduzierung dynamischer Bahnabweichungen
    bei numerisch gesteuerten Werkzeugmaschinen, 118 S., 1978

21 R. Wilhelm, Planung und Auslegung des Materialflusses flexibler Fertigungssysteme,
    158 S., 1978

22 N. Kappen, Entwicklung und Einsatz einer direkten digitalen Grenzregelung
    für eine Fräsmaschine mit CNC, 123 S., 1979

23 H. G. Klug, Integration automatisierter technischer Betriebsbereiche, 124 S., 1978

24 D. Binder, Interpolation in numerischen Bahnsteuerungen, 132 S., 1979

25   O. Klingler, Steuerung spanender Werkzeugmaschinen mit Hilfe von Grenzregel-einrichtungen (ACC), 124 S., 1979

26   L. Schenke, Auslegung einer technologisch-geometrischen Grenzregelung für die Fräsbearbeitung, 113 S., 1979

27   H. Wörn, Numerische Steuersysteme-Aufbau und Schnittstellen eines Mehr-prozessorsteuersystems, 141 S., 1979

28   P. B. Osofisan, Verbesserung des Datenflusses beim fünfachsigen NC-Fräsen, 104 S., 1979

29   J. Berner, Verknüpfung fertigungstechnischer NC-Programmiersysteme, 101 S., 1979

30   K.-H. Böbel, Rechnerunterstützte Auslegung von Vorschubantrieben, 113 S., 1979

31   W. Dreher, NC-gerechte Beschreibung von Werkstücken in fertigungstechnisch orientierten Programmiersystemen, 105 S., 1980

32   R. Schurr, Rechnerunterstützte Projektsteuerung hydrostatischer Anlagen, 115 S., 1981

33   W. Sielaff, Fünfachsiges NC-Umfangfräsen verwundener Regelflächen. Beitrag zur Technologie und Teileprogrammierung, 97 S., 1981

34   J. Hesselbach, Digitale Lageregelung an numerisch gesteuerten Fertigungs-einrichtungen, 111 S., 1981

35   P. Fischer, Rechnerunterstützte Erstellung von Schaltplänen am Beispiel der automatischen Hydraulikplanzeichnung, 111 S., 1981

36   U. Ackermann, Rechnerunterstützte Auswahl elektrischer Antriebe für spanende Werkzeugmaschinen, 118 S., 1981

37   W. Döttling, Flexible Fertigungssysteme – Steuerung und Überwachung des Fertigungsablaufs, 105 S., 1981

38   J. Firnau, Flexible Fertigungssysteme – Entwicklung und Erprobung eines zentralen Steuersystems, 112 S., 1982

39   A. Herrscher, Flexible Fertigungssysteme – Entwurf und Realisierung prozeßnaher Steuerungsfunktionen, 103 S., 1982

40   U. Spieth, Numerische Steuersysteme – Hardwareaufbau und Ablaufsteuerung eines Mehrprozessorsteuersystems, 115 S., 1982

41   A. Schimmele, Rechnerunterstützter Entwurf von Funktionssteuerungen für Fertigungseinrichtungen, 106 S., 1982

42   M. Sanzenbacher, NC-gerechte Beschreibung von Werkstücken mit gekrümmten Flächen, 105 S., 1982

43   W. Walter, Interaktive NC-Programmierung von Werkstücken mit gekrümmten Flächen, 112 S., 1982

44   J. Huan, Bahnregelung zur Bahnerzeugung an numerisch gesteuerten Werkzeugmaschinen, 95 S., 1982

45   H. Erne, Taktile Sensorführung für Handhabungseinrichtungen – Systematik und Auslegung der Steuerungen, 111 S., 1982

46   D. Plasch, Numerische Steuersysteme – Standardisierte Softwareschnittstellen in Mehrprozessor-Steuersystemen, 112 S., 1983

47   Z. L. Wang, NC-Programmierung – Maschinennaher Einsatz von fertigungstechnisch orientierten Programmiersystemen, 103 S., 1983

48   J. Schwager, Diagnose steuerungsexterner Fehler an Fertigungseinrichtungen, 121 S., 1983

49   P. Klemm, Strukturierung von flexiblen Bediensystemen für numerische Steuerungen, 113 S., 1984

50   W. Runge, Simulation des dynamischen Verhaltens elektrohydraulischer Schaltungen – Einsatz von geräteorientierten, universellen Simulationsbausteinen, 132 S., 1984

51   H. Steinhilber, Planung und Realisierung von Werkzeugversorgungssystemen für die NC-Bearbeitung, 126 S., 1984

52   R. Ohnheiser, Integrierte Erstellung numerischer Steuerdaten für flexible Fertigungssysteme, 115 S., 1984

53   M. Keppeler, Führungsgrößenerzeugung für numerisch bahngesteuerte Industrieroboter, 125 S., 1984

54   P. Kohler, Automatisiertes Messen mit NC-Werkzeugmaschinen, 129 S., 1985

55   K.-H. Rieger, Rechnerunterstützte Projektierung der Hardware und Software von Speicherprogrammierten Steuerungen, 123 S., 1985

56   G. Vogt, Digitale Regelung von Asynchronmotoren für numerisch gesteuerte Fertigungseinrichtungen, 126 S., 1985

57   S. Chmielnicki, Flexible Fertigungssysteme – Simulation der Prozesse als Hilfsmittel zur Planung und zum Test von Steuerprogrammen, 120 S., 1985

58   W. Renn, Struktur und Aufbau prozeßnaher Steuergeräte zur Verkettung in flexiblen Fertigungssystemen, 137 S., 1986

59   K. Harig, Quantisierung im Lageregelkreis numerisch gesteuerter Fertigungseinrichtungen, 113 S., 1986

60   H. Frank, Programmier- und Überwachungsfunktionen für teileartbezogene NC-Werkzeugmaschinen, 115 S., 1986

61   H. Möller, Integrierte Überwachungs- und Diagnose-Systeme für numerische Steuerungen, 131 S., 1986

62   H. Fink, Einsatz speicherprogrammierbarer Steuerungen in der Fertigungstechnik, 126 S., 1986

63   J. Fleckenstein, Zustandsgraphen für SPS – Grafikunterstützte Programmierung und steuerungsunabhängige Darstellung, 139 S., 1987

64   E. Wagner, Steuerungen von Koordinatenmeßgeräten mit schaltenden und messenden Tastsystemen, 133 S., 1987

65   W. Grimm, Diagnosesystem für steuerungsperiphere Fehler an Fertigungseinrichtungen, 143 S., 1987

66   W. Swoboda, Digitale Lageregelung für Maschinen mit schwach gedämpften schwingungsfähigen Bewegungsachsen, 141 S., 1987

67   G. Gruhler, Sensorgeführte Programmierung bahngesteuerter Industrieroboter, 119 S., 1987

68   B. Walker, Konfigurierbarer Funktionsblock Geometriedatenverarbeitung für numerische Steuerungen, 125 S., 1987

69   J. Mayer, Werkzeugorganisation für flexible Fertigungszellen und -systeme, 126 S., 1988

70   R. Lederer, Programmierung von NC-Drehmaschinen mit mehreren Werkzeugschlitten, 120 S., 1988

71   G. Häberle, NC-Musterprogrammierung für die rechnerintegrierte Textilfertigung, 127 S., 1988

72   D. Pfeiffer, Kompensation thermisch bedingter Bearbeitungsfehler durch prozeßnahe Qualitätsregelung, 135 S., 1988

73   W. Schmidt, Grafikunterstütztes Simulationssystem für komplexe Bearbeitungsvorgänge in numerischen Steuerungen, 141 S., 1988

74   M. Egner, Hochdynamische Lageregelung mit elektrohydraulischen Antrieben, 147 S., 1988

75   W. Schittenhelm, Konfigurierbares Bedienungssystem für Steuerungen an Fertigungs-
       einrichtungen, 136 S., 1988

76   D. Scheifele, Grafisch dynamische Simulation des Bearbeitungsvorgangs für
       Doppelschlittendrehmaschinen, 121 S., 1988

77   G. Keuper, Automatisierte Identifikation der Streckenparameter servohydraulischer
       Vorschubantriebe, 152 S., 1989

78   K.-H. Kayser, Kollisionserkennung in numerischen Steuerungen mit der Distanz-
       feldmethode, 131 S., 1989

79   R. Viefhaus, Fräsergeometriekorrektur in Numerischen Steuerungen für das
       fünfachsige Fräsen, 157 S., 1989

80   J. Zirbs, Fertigungsgerechte Aufbereitung von Flächenverbänden bei der NC-
       Programmierung im Formenbau, 130 S., 1989

81   W. Ruoff, Optische Sensorsysteme zur On-line-Führung von Industrierobotern,
       123 S., 1989

82   M. Jantzer, Bahnverhalten und Regelung fahrerloser Transportsysteme ohne
       Spurbindung, 131 S., 1990

83   H. Schumacher, Einheitliche Programmierung von Automatisierungskomponenten
       roboterbestückter Bearbeitungs- und Montagezellen, 116 S., 1991

84   J. Schimonyi, NC-Programmierung für das Werkzeugschleifen, 122 S., 1991

85   K.-H. Wurst, Flexible Robotersysteme – Konzeption und Realisierung modularer
       Roboterkomponenten, 164 S., 1991

86   R. Hagl, Erhöhung der Verfügbarkeit von Vorschubantrieben mit selbstanpassender
       Lageregelung, 126 S., 1991

87   G. Krebser, Betriebssystem für NC mit einheitlichen Schnittstellen, 130 S., 1992

88   W.-T. Lei, Flächenorientierte Steuerdatenaufbereitung für das fünfachsige Fräsen,
       134 S., 1992

89   G. Diehl, Steuerungsperipheres Diagnosesystem für Fertigungseinrichtungen auf Basis
       überwachungsgerechter Komponenten, 140 S., 1992

90   U. Nepustil, Offene NC-Schnittstellen zur Korrektur von Fertigungsfehlern, 133 S., 1992

91   M. Bauder, Konfigurierbare Robotersteuerung mit allgemeiner Transformation, 120 S., 1992

92   W. Philipp, Regelung mechanisch steifer Direktantriebe für Werkzeugmaschinen,
       118 S., 1992

93   G. M. Härdtner, Wissensstrukturierung in Diagnoseexpertensystemen für Fertigungs-
       einrichtungen, 135 S., 1992

94   H. Wiedmann, Objektorientierte Wissensrepräsentation für die modellbasierte Diagnose an
       Fertigungseinrichtungen, 151 S., 1993

95   H. Rudloff, Hochgenaue Konturerzeugung bei Bewegungsachsen mit einer dominanten
       mechanischen Resonanzstelle, 151 S., 1993

96   K. Brantner, Adaptierbares Leitsteuerungssystem für flexible Produktionssysteme,
       142 S., 1993

97   W. Kugler, Kommunikationsmechanismen für offene Numerische Steuerungssysteme,
       136 S., 1994

98   B. Schnurr, Elektrodynamisches Antriebssystem zur Unrundbearbeitung
       175 S., 1994

99   J. Schneider, Fehlerreaktion mit Speicherprogrammierbaren Steuerungen – ein Beitrag
       zur Fehlertoleranz, 117 S., 1994

100   U. Siewert, Systematische Erstellung adaptierbarer Leitsteuerungssoftware am Beispiel
       der Durchsetzungsplanung, 155 S., 1994

101   G. F. J. Heger, Maschinenferner Qualitätsregelkreis in flexiblen Fertigungssystemen, 134 S., 1994

102   W. Hofmeister, Objektorientiert strukturiertes Programmiersystem für NC-Mehrschlittenmaschinen, 113 S., 1994

103   A. Horn, Optische Sensorik zur Bahnführung von Industrierobotern mit hohen Bahngeschwindigkeiten, 132 S., 1994

104   U. Rentschler, Fehlertolerantes Präzisionsfügen, 128 S., 1995

105   G. Junghans, Modulares grafikunterstütztes Simulationssystem für Bearbeitungs- und Handhabungsvorgänge, 145 S., 1995

106   J. Heller, Sensorgestützte Bewegungserzeugung leitlinienloser Transportfahrzeuge, 123 S., 1995

107   E. Wieland, Anwendungsorientierte Programmierung für die robotergestützte Montage, 137 S., 1995

108   G. Ketterer, Automatisierte Inbetriebnahme elektromechanischer, elastisch gekoppelter Bewegungsachsen, 176 S., 1995

109   Th. Reibetanz, Situationsorientierte Bearbeitungsmodellierung zur NC-Programmierung, 120 S., 1995

110   O. Frager, Durchgängige Programmierung von Fertigungszellen, 135 S., 1996

111   R. Ordenewitz, Betriebsweite Bereitstellung von Werkzeuginformationen, 144 S., 1996

112   C. Daniel, Dynamisches Konfigurieren von Steuerungssoftware für offene Systeme, 124 S., 1996

113   R. Angerbauer, Anwenderorientierte Programmierung fahrerloser Transportsysteme, 141 S., 1996

114   F. Krauß, Splineverarbeitung in numerischen Steuerungen für das fünfachsige Fräsen, 118 S., 1996

115   K.-M. Schittenhelm, Einsatz vorgefilterter Führungsgrößen für Bewegungsachsen zur Bahnerzeugung, 123 S., 1997

116   U. Häberle, Einheitliche Anwenderschnittstelle für Feldbussysteme, 131 S., 1997

117   U. Strassacker, Testumgebung für die Implementierung und Inbetriebnahme eines adaptierbaren Leitsteuerungssystems, 162 S., 1997

118   B. Renz, Hochdynamische Strahllagekorrektursysteme zur Erhöhung der Bahngenauigkeit von CO_2-Laserbearbeitungsmaschinen, 189 S., 1997

Die Bände ISW 1 bis ISW 106 sind vergriffen.
Die Bände sind im Erscheinungsjahr und in den folgenden drei Kalenderjahren zu beziehen durch den örtlichen Buchhandel oder durch Lange & Springer, Otto-Suhr-Allee 26-28, 10585 Berlin.